建筑工程施工现场专业人员
上岗必读丛书

第2版

SHIGONGYUAN BIDU

施工员必读

主编　袁　磊
参编　陈　红　高红涛

中国电力出版社
CHINA ELECTRIC POWER PRESS

内 容 提 要

本书是根据《建筑与市政工程施工现场专业人员职业标准》（JGJ/T 250—2011）标准中关于施工员岗位技能要求，结合现场施工技术与管理实际工作需要来编写的。它既满足了专业人员上岗培训考核要求，又适用于现场施工工作实际应用，具有很强的针对性、实用性、便携性和可读性。

本书内容主要包括施工员岗位涵盖的施工组织策划、施工技术管理、施工进度成本控制、质量安全环境管理、施工信息资料管理、现场施工技术操作技能、分部分项工程施工重点等。本书内容全面，技术先进，易学易懂，是施工员岗位必备的技术手册，也适合作为岗前、岗中培训与学习教材使用。

图书在版编目（CIP）数据

施工员必读/袁磊主编. —2 版. —北京：中国电力出版社，2017.7
（建筑工程施工现场专业人员上岗必读丛书）
ISBN 978-7-5198-0547-0

Ⅰ.①施… Ⅱ.①袁… Ⅲ.①建筑工程－工程施工－基本知识 Ⅳ.①TU74

中国版本图书馆 CIP 数据核字（2017）第 061306 号

出版发行：中国电力出版社
地　　址：北京市东城区北京站西街 19 号（邮政编码 100005）
网　　址：http://www.cepp.sgcc.com.cn
责任编辑：周娟华　电话：010-63412601
责任校对：常燕昆
装帧设计：张俊霞
责任印制：单　玲

印　　刷：北京市同江印刷厂
版　　次：2014 年 3 月第一版　2017 年 7 月第二版
印　　次：2017 年 7 月北京第二次印刷
开　　本：710 毫米×1000 毫米　16 开本
印　　张：14.5
字　　数：249 千字
定　　价：45.00 元

前　言

　　建筑工程施工现场专业技术管理人员队伍的素质，是影响工程质量和安全的关键因素。《建筑与市政工程施工现场专业人员职业标准》（JGJ/T 250—2011）的颁布实施，对建设行业开展关键岗位培训考核和持证上岗工作，对于提高建筑从业人员的专业技术水平、管理水平和职业素养，促进施工现场规范化管理，保证工程质量和安全，推动行业发展和进步发挥了重要作用。

　　为了更好地贯彻落实《建筑与市政工程施工现场专业人员职业标准》（JGJ/T 250—2011）和2015年最新颁布的《建筑业企业资质管理规定》（中华人民共和国住房和城乡建设部令第22号）等法规文件要求，不断加强建筑与市政工程施工现场专业人员队伍建设，全面提升专业技术管理人员的专业技能和现场实际工作能力，推动建设科技的工程应用，完善和提高工程建设现代化管理水平，我们组织编写了这套专业技术人员上岗必读丛书，旨在从岗前培训考核到实际工程现场施工应用中，为工程专业技术人员提供全面、系统、最新的专业技术与管理知识、岗位操作技能等，满足现场施工实际工作需要。

　　本丛书主要依据建筑工程现场施工中各专业技术管理人员的实际工作技能和岗位要求，按照职业标准，针对各岗位工作职责、专业知识、专业技能等相关规定，遵循"易学、易查、易懂、易掌握、能现场应用"的原则，把各专业人员岗位实际工作项目和具体工作要点精心提炼，使岗位工作技能体系更加系统、实用与合理。丛书重点突出、层次清晰，极大地满足了技术管理工作和现场施工应用的需要。

　　本书的主要内容包括施工员岗位涵盖的施工组织策划、施工技术管理、施工进度成本控制、质量安全环境管理、施工信息资料管理、现场施工技术操作技能、分部分项工程施工重点等。本书内容丰富、全面、实用，技术先进，适合作为施工员岗前培训教材，也是施工员施工现场工作必备的技术手册，同时还可以作为大中专院校土木工程专业教材以及工人培训教材应用。

　　由于时间仓促和能力有限，本书难免有谬误之处和不完善的地方，敬请读者批评指正，以期通过不断的修订与完善，使本丛书能真正成为工程技术人员岗位工作的必备助手。

编　者

2017 年 3 月　北京

第一版前言

　　国家最新颁布实施的建设行业标准《建筑与市政工程施工现场专业人员职业标准》(JGJ/T 250—2011)，为科学、合理地规范工程建设行业专业技术管理人员的岗位工作标准及要求提供了依据，对全面提高专业技术管理人员的工程管理和技术水平、不断完善建设工程项目管理水平及体系建设，加强科学施工与工程管理，确保工程质量和安全生产将起到很大的促进作用。

　　随着建设事业的不断发展、建设科技的日新月异，对于建设工程技术管理人员的要求也不断变化和提高，为更好地贯彻和落实国家及行业标准对于工程技术人员岗位工作及素质要求，促进建设科技的工程应用，完善和提高工程建设现代化管理水平，我们组织编写了这套《建筑工程施工现场专业人员上岗必读丛书》，旨在为工程专业技术人员岗位工作提供全面、系统的技术知识与解决现场施工实际工作中的需要。

　　本丛书主要根据建筑工程施工中，各专业岗位在现场施工的实际工作内容和具体需要，结合岗位职业标准和考核大纲的标准，充分贯彻国家行业标准《建筑与市政工程施工现场专业人员职业标准》(JGJ/T 250—2011)有关工程技术人员岗位工作职责、应具备的专业知识、应具备的专业技能三个方面的素质要求，以岗位必备的管理知识、专业技术知识为重点，注重理论结合实际；以不断加强和提升工程技术人员职业素养为前提，深入贯彻国家、行业和地方现行工程技术标准、规范、规程及法规文件要求；以突出工程技术人员施工现场岗位管理工作为重点，满足技术管理需要和实际施工应用，力求做到岗位管理知识及专业技术知识的系统性、完整性、先进性和实用性来编写。

　　本丛书在工程技术人员工程管理和现场施工工作需要的基础上，充分考虑能兼顾不同素质技术人员、各种工程施工现场实际情况不同等多种因素，并结合专业技术人员个人不断成长的知识需要，针对各岗位专业技术人员管理工作的重点不同，分别从岗位管理工作与实务知识要求、工程现场实际技术工作重点、新技术应用等不同角度出发，力求在既不断提高各岗位技术人员工程管理水平的同时，又能不断加强工程现场施工管理，保证工程质量、安全。

本书内容涵盖了施工项目管理规划，施工员现场技术管理工作，单位工程施工组织设计编制，施工方案编制，施工技术交底编制，施工员现场质量、安全环境管理工作，施工员现场进度、成本控制工作，以及工程施工技术资料管理等内容，力求使施工员岗位管理工作更加科学化、系统化、规范化，并确保新技术的先进性和实用性、可操作性。

由于时间仓促和能力有限，本书难免有谬误之处和不完善的地方，敬请读者批评指正，以期通过不断的修订与完善，使本丛书能真正成为工程技术人员岗位工作的必备助手。

编　者

目　　录

第一章

施工员岗位技能及现场施工组织协调

一、施工员岗位要求和标准工作程序

1. 施工员岗位工作要求

（1）在项目技术负责人（或项目总工程师）领导下负责本承包项目工程的生产指挥及施工管理。认真贯彻执行上级有关施工安全生产、物资供应的各项标准和规定。科学组织网络计划，人员、料具进场，均衡安排，工料分析同步。做好施工生产的统筹安排，组织和发挥生产指挥系统的作用，保证月、季任务的完成和超额完成。

（2）制订年、季、月生产计划和施工项目进度计划，落实生产指标和建设单位的进度要求。每周检查一次分包单位的施工进度，保证月计划的完成和超额完成。

（3）每周一次文明施工综合值班检查和不定期施工检查。做好检查日志记录，保证检查记录有检查部位、有检查人、有整改措施、有整改人和整改时间，做好资料消耗反馈。

（4）负责机械的大、中修管理。

（5）负责参与编制和审核施工组织设计和施工方案，组织有关部门和分包单位认真落实技术措施和技术方案，保证生产按施工程序进行。组织好工程开工前的施工准备工作，协调好内外关系，保证按期开工和在施工程的施工进度。

（6）组织做好临建工程的规划和现场平面布置，严格按照现场平面布置标准做好临建项目。

（7）协助执法部门认真贯彻执行安全生产方针、政策、法规，落实本项目各项安全生产管理制度，组织实施项目安全工作目标规划，组织落实安全生产责任。坚持"安全第一"的方针，组织有关部门和分包单位全面落实各工程的安全技术措施，建立健全安全生产文明施工保证体系，认真贯彻执行安全生产技术标准和管理标准。经常组织对施工现场的各项安全工作的检查，严格要求。

（8）参加调查处理重大质量事故，按照"三不放过"原则，妥善处理，达到吸取教训、教育职工、加强防范措施、提高管理水平的目的。正确处理施工进度与工程质量的关系，当质量、安全与生产发生矛盾时，进度要服从安全、质量；制止违章指挥和违章操作，落实质量措施，保证工程质量不断提高。

（9）组织做好材料、机械设备、工具、能源等物资的进场使用、供应、调配与管理，执行各项物资消耗定额，严格管理标准，减少浪费损失，使各项物资消耗不断降低。

（10）坚持文明施工，组织落实各分包单位的管理责任制，划分责任区，执行管理标准，经常检查现场情况，解决问题，现场管理内容达到标准。

2. 岗位工作履行"四个必须"

必须履行 1：必须实施施工计划网络管理，通过组织、指挥、检查、协调等管理手段努力实现施工过程中的最优工期目标。要求总体进度计划准确，保证工期在合同范围内完成。在进度安排上对各工序进行科学合理的流水作业，节约费用降低成本，确保质量和安全，保证资源符合均衡连续性施工的要求。

必须履行 2：必须根据设计图纸、合同约定的总工期和开竣工日期分别列出施工项目、施工顺序，计算整个工程量。确定分包进场施工期限和开竣工时间。

必须履行 3：必须掌握图纸、材料、设备、劳动力的进场情况，科学搭接、组织流水作业。确定机械型号、规格和机械台班数量，合理组织机械进场。

必须履行 4：必须跟踪检查、调整计划网络的实施，编制日、周、月作业计划和施工任务书。

3. 岗位工作做到"六个到位"

工作到位 1：根据在施工程的实际情况编制施工计划，督促分包单位编制施工控制网络计划。

工作到位 2：根据施工进度制定先进、科学的网络计划。对下达进度计划的合理性、可能性负责，防止盲目抢进度影响工程质量。下达年、季、月施工生产计划时，下达安全质量指标到位。

工作到位 3：进度与安全、质量发生矛盾时，必须坚持安全、质量第一的思想来处理计划进度问题。施工技术资料的搜集、整理、审查和装订到位。

工作到位 4：在前一年十二月份了解次年新任务情况，掌握本单位全部在施工程向次年结转情况及次年可能新开工程情况，为次年年计划做准备。提供结算工程一览表，年终根据工程任务变化做调整。汇总月计划并根据单位工程大小和数量、难易程度，下达重点形象进度考核项目到位。

工作到位 5：进行进度检查，月末时，根据下达的重点形象进度考核项目与实际达到部位计算工程进度到位。

工作到位 6：参加生产调度会等有关会议，做好会议记录，对分包单位计划完成情况进行考核，作为分包单位竞赛的依据。解决计划工作中存在的问题。根据新工程施工准备进展情况及时填写开工申请报告。建立工程项目登记台账，管理月、季计划报表和开工申请报告等资料。月计划要协调各施工段的指标关系，做到态度和蔼、积极主动。年、季、月计划上报分公司主管部门到位。

4. 每天做好"十件工作"

做好工作 1：深入施工现场了解施工动态，掌握计划执行情况，发现问题要及时帮助解决，不能解决的及时反映汇报。

做好工作 2：在编制年、季、月生产计划时，必须树立"安全第一"的思想，组织均衡生产，保障安全工作与生产任务协调一致。

做好工作 3：在检查生产计划实施情况的同时，要检查安全措施项目的执行情况，对施工中重要安全防护设施、设备的实施工作（如支拆脚手架、安全网等）要纳入计划，列为正式工序，给予时间保证，坚持按合理施工顺序组织生产，充分考虑职工的劳逸结合，按施工组织设计组织施工。在生产任务与安全保障发生矛盾时，必须优先解决安全工作的实施问题。

做好工作 4：组织班组成员认真看图，按设计图纸、技术交底、规范、工艺标准、质量标准进行施工。组织班组成员内部技术交流，不断提高小组成员操作技术水平，提高工程质量。不符合设计要求和质量标准的材料、成品、构件、器材等不准使用。

做好工作 5：施工区域内，各类材料、半成品、成品、废品要按施工平面布置要求分区堆放，做到成垛、成堆、成捆、成方、一头齐，并按 ISO 9002 标准挂牌标识。

做好工作 6：不论主体或装修施工，每天安排专人及时清理建筑物内外的零散碎料和垃圾渣土。楼梯踏步、休息平台、阳台等处悬挑结构上不得堆放料具和杂物，严禁楼层上的垃圾直接往楼下倾倒。工人操作应做到活完料净脚下清，保证小责任区整洁、大现场文明。施工现场应设垃圾站，及时集中分拣、回收、利用、清运。垃圾清运出现场必须到批准的消纳场地倾倒，严禁乱倒乱卸。

做好工作 7：组织分部、分项工程施工技术交底，审查、指导施工员做好技术、质量交底记录并在施工中检查落实。对本项目工程技术资料整理及时、齐

施工员必读（第2版）

全、正确负责。及时做好隐蔽工程的记录，参加隐蔽工程检查验收和工程结构验收，参加分项工程质量检验评定，组织分部工程质量检验评定。对新材料、新技术、新工艺在操作质量上负指导责任。

做好工作8：检查责任区内材料堆放情况，并做好现场文明施工记录。

做好工作9：召开现场生产协调会，在会上报告施工进度、劳动力安排、机械运转、材料供应、文明施工管理情况和文明施工情况。

做好工作10：存档报表、资料等及时搜集、整理、填列、补充，做到全面准确、符合标准、归档及时。

5. 施工员现场日常工作程序及要求

施工员岗位现场施工日常工作程序及要求，见表1-1。

表1-1 施工员岗位工作专业技能要求

序号	现场施工日常工作程序及要求		
1	能够参与编制施工组织设计和专项施工方案	①编制施工组织设计	a. 编制小型房屋建筑工程施工组织设计
			b. 编制分部（分项）工程施工方案
		②编制危险性较大工程的专项施工方案	a. 编制模板工程及支撑体系专项施工方案
			b. 编制脚手架工程、土方开挖工程专项施工方案
2	能够识读施工图和其他工程设计、施工等文件	①识读混凝土结构房屋建筑施工图、结构施工图	
		②识读单层钢结构房屋建筑施工图、结构施工图	
		③识读勘察报告、设计变更文件，图纸会审纪要等	
3	能够编写技术交底文件，并实施技术交底	①编写土方、砖石基础、混凝土及桩基等基础施工技术交底文件并实施交底	
		②编写混凝土结构、砌体结构、钢结构等结构施工技术交底文件并实施交底	
		③编写屋面、地下室等防水施工技术交底文件并实施交底	
4	能够正确使用测量仪器，进行施工测量	①常用测量仪器的使用	a. 使用水准仪进行高差测量
			b. 使用经纬仪进行角度测量
			c. 使用全站仪进行高差、角度及距离测量
		②建筑工程施工测量	a. 进行施工定位放线
			b. 进行施工质量校核
5	能够正确划分施工区段，合理确定施工顺序	①划分多层混合结构、框架结构、钢结构工程的施工区段	
		②确定多层混合结构、框架结构、钢结构工程的施工顺序	

4

续表

序号		现场施工日常工作程序及要求
6	能够进行资源平衡计算，参与编制施工进度计划及资源需求计划，控制调整计划	①应用横道图方法编制一般单位工程、分部（分项）工程、专项工程施工进度计划
		②进行资源平衡计算，优化进度计划
		③识读建筑工程施工网络计划
		④编制月、旬（周）作业进度计划，资源配置计划
		⑤检查施工进度计划的实施情况，调整施工进度计划
7	能够进行工程量计算及初步的工程计价	①计算多层混合结构工程、多层混凝土结构工程的工程量
		②利用工程量清单计价法进行综合单价的计算
		③进行建筑工程预付款和进度款的初步计算
8	能够确定施工质量控制点，参与编制质量控制文件，并实施质量交底	①确定基础工程施工质量控制点，为编制质量控制的技术保障和资源保障措施、实施质量交底提供资料
		②确定混凝土结构工程施工质量控制点，为编制质量控制的技术保障和资源保障措施、实施质量交底提供资料
		③确定砌体结构工程施工质量控制点，为编制质量控制的技术保障和资源保障措施、实施质量交底提供资料
		④确定钢结构工程施工质量控制点，为编制质量控制的技术保障和资源保障措施、实施质量交底提供资料
		⑤确定建筑防水和保温工程施工质量控制点，为编制质量控制的技术保障和资源保障措施、实施质量交底提供资料
9	能够确定施工安全防范重点，参与编制职业健康安全与环境技术文件，实施安全、环境交底	①确定脚手架安全防范重点，为编制安全技术文件并实施交底提供资料
		②确定洞口、临边防护安全防范重点，为编制安全技术文件并实施交底提供资料
		③确定模板工程安全防范重点，为编制安全技术文件并实施交底提供资料
		④确定施工用电安全防范重点，为编制安全技术文件并实施交底提供资料
		⑤确定垂直运输机械安全防范重点，为编制安全技术文件并实施交底提供资料
		⑥确定高空作业安全防范重点，为编制安全技术文件并实施交底提供资料
		⑦确定基坑支护安全防范重点，为编制安全技术文件并实施交底提供资料
10	能够识别、分析施工质量缺陷和危险源	①识别、分析基础、砌体、混凝土结构、装饰装修、屋面及防水工程中的质量缺陷
		②识别施工现场管理缺失有关危险源，提出处置意见
		③识别施工现场人的行为不当有关的危险源，提出处置意见

续表

序号	现场施工日常工作程序及要求	
11	能够对施工质量、职业健康安全与环境问题进行调查分析	①分析判断施工质量问题的类别、原因和责任
		②分析判断安全问题的类别、原因和责任
		③分析判断环境问题的类别、原因和责任
12	能够记录施工情况，编制相关工程技术资料	①填写施工日志，编写施工记录
		②编写分部分项工程施工技术资料，编制工程施工管理资料
13	能够利用专业软件对工程信息资料进行处理	①应用基本专业软件　　a. 使用电子表格
		b. 利用专业软件绘制各种图样
		②利用信息化管理软件处理工程信息资料　a. 进行施工信息资料输入、输出与汇编
		b. 进行施工信息资料加工处理

二、施工员现场施工的配合协调

1. 与设计单位配合协调工作

（1）设计单位的配合工作。设计单位与施工企业（承包商）之间不签订合同，它们之间不是合同关系，只是工作关系。

设计单位应积极配合施工，负责交待设计意图，解释设计文件，及时解决施工中设计文件出现的问题。设计单位对所承担设计任务的建设项目应配合施工，进行技术交底，解决施工过程中有关设计问题，负责设计变更和修改预算，参加试车考核及工程竣工验收。对于大中型工业项目和复杂的民用工程应派现场设计代表，并参加隐蔽工程验收。

工程发包后，进入施工阶段。设计单位代表审查承包商提交的申报书（包括加工图、样品、产品资料等）是否符合设计意图。管理工程变更申请。去施工现场了解工程进展及质量情况，做视察记录并向业主报告。审查并处置承包商的付款申报书。在整个施工过程中，设计单位代表要保存工程项目进展的有关文件（包括变更指令、付款证明、会议和电话记录、有关工程的各种信件及其他书面材料）作为解决争端或纠纷的依据。

（2）设计交底工作。设计单位向施工单位交底，包括以下内容。

1）设计文件依据：上级批文、规划准备条件、人防要求，建设单位的具体要求及合同。

2）建设项目所处规划位置、地形、地貌、气象、水文地质、工程地质、地震烈度。

3）施工图设计依据：包括初步设计文件，市政部门要求，规划部门要求；公用部门要求及其他有关部门要求（如绿化、环卫、环保等）；主要设计规范；甲方供应及市场供应的建筑材料情况等。

4）设计意图：包括设计思想、设计方案比较情况等，建筑、结构和水、暖、电、煤气等的设计意图。

5）施工中应注意的问题：包括建筑材料方面的特殊要求，建筑装饰施工要求，声学要求，基础施工要求，主体结构设计采用新结构、新工艺对施工提出的要求。

（3）设计变更与洽商。

1）设计变更洽商。设计变更洽商记录是在施工过程中发生了没有预料的新情况，使工程或其中任何部位，在数量、质量和形式上发生了变化，而由建设单位、设计单位和施工单位协商解决的文件记载，并作为竣工图的补充。

2）工程变更产生的原因。工程变更产生的原因主要有：设计与施工的可行性发生矛盾；由于建设单位原因，工程使用目的、功能或质量要求发生变化；因投资或物价变动改变承包额而发生的工程内容变更及天灾等不可抗力引起的工期问题。

3）设计变更要注意的问题。设计变更的管理与工程质量、工期及项目效益有直接关系，必须做好以下几项工作：①认真细致审图，做好一次性设计交底（尤其在共性较强的民用建筑招标工程中）；②设计变更是指导施工的重要依据，必须真实地反映工程的实际变更情况。变更记录内容要条理清楚、明确具体，除文字说明外，必要时附平面图、剖面图，以利施工；③设计变更是发生在设计单位、建设单位和施工单位三方的，因此必须有三方签字方有效（有监理单位的，还应有监理方签字）；④设计变更随工程进度发生的，要及时办理并注明变更洽商日期，并将办好的洽商及时送交施工有关的各个部门，避免施工管理漏项；⑤接到设计变更时，应立即组织施工，按洽商要求改动；对非施工单位造成的损失，应积极索赔。另外一些"三边"（边设计、边修改、边施工）工程往往给施工单位的技术工作提出较多的要求和问题，特别是大型公共建筑业务多元化，工程随市场行情的变化而变化，易造成施工仓促、变化频繁，例如：a. 施工准备期很短，要求技术人员必须在不长的时间内审图并组织会审交底；b. 组织设计和方案的阶段性强，必须适应多变化常改动的情况，传统的基础、结构、装修三大分部工程的施工组织设计，必须随设计变化而编制更小部位的施工组织设计和方案；c. 要加强信息通报，避免在机具设备上出现大马拉小车或倒置，造成人、机、料等的资源浪费的情况；d. 提高索赔意识，其中在技术管理方面就是工程洽商，必须及时处理并对已施工部位做详细的记录或者声像记录，并及时以文字形式通报建设单位、监理部门以便确认。

2. 与监理单位配合协调工作

(1) 施工单位与建设监理单位的关系。

1) 组织关系：监理单位和施工单位均与业主有合同关系，而监理单位和施工单位之间，仅存在监理与被监理关系；当监理单位作为咨询单位或作为代甲方时，只与业主有关系，与施工单位没有关系；在有总承包单位情况下，作为分包单位的施工企业与总承包单位有合同关系，接受监理单位的监督；施工单位与业主定有合同，既接受监理单位的监督，又接受质量监督站的监督。

在施工现场，监理工程师按施工单位与业主签订的承包合同进行监督，以保证合同履行。

如上所述，工长与现场监理人员没有组织关系，只在工作中围绕工程项目施工进行接触，制约这种接触的是业主对监理工程师的授权和业主与施工单位签订的工程承包合同。

2) 业务关系：①商签合同中的业务关系。在商签合同中，监理单位代表业主与施工单位谈判，以便达成签订合同的协议。商签合同在招标文件及中标文件的基础上进行。商谈主要内容是造价，其次是质量保证、工期保证。商签合同及合同的订立，奠定了整个施工过程中监理与施工单位的关系；②施工准备中的业务关系。在施工准备中，业主的责任可以自行完成，也可以委托给承包商完成。监理工程师的责任是代表业主督促施工单位完成应担负的准备工作，以便工程开工。工作重点是：现场准备，审查施工组织设计，审查施工单位的资金准备，当准备工作完成后，协助建设单位与施工单位编写开工报告，并下达开工令；③施工阶段的业务协调关系。施工阶段监理单位根据业主授权开展工作：对工程规模、设计标准和使用功能的建议权；组织协调的主持权；材料和施工质量的确认权；施工进度和工期上的确认权与否决权；工程合同内工程款支付与工程结算的确认权与否决权。业主与施工单位不再直接打交道，是通过监理单位与施工单位打交道。

(2) 监理单位与施工单位关系处理的原则。

1) 在社会上，双方是平等的法人组织。相对于业主来说，二者的地位是相同的。都是在工程建设的法规、规章、规范、标准的条款制约下工作。在工程项目管理中相互协作，不存在领导与被领导的关系。

2）严格按合同办事。监理单位与施工单位是监理与被监理的关系。监理单位依据其与业主签订的监理委托合同服务，施工单位依据其与业主签订的工程承包合同施工。监理单位服务的宗旨是监督施工单位全面履行工程承包合同。

3）监理单位既严格监督施工单位，又积极维护其合法权益，还要积极帮助施工单位解决施工中出现的问题。

4）按法规办事。《建设监理试行规定》（以下简称"《规定》"）中规定"监理单位、建设单位和承建单位的关系"。《规定》中说："建设单位必须在监理单位实施监理前，将监理的内容、总监理工程师姓名及所授予的权限，书面通知承建单位。总监理工程师也应及时将其授予监理工程师的有关权限以书面方式通知承建单位。承建单位必须接受监理单位的监理，并为其开展工作提供方便，按照要求提供完整的原始记录、检测记录等技术、经济材料。""未经建设单位授权，总监理工程师无权自主变更建设单位与承建单位签署的工程承包合同。由于不可预见和不可抗拒的因素，总监理工程师认为需要变更承包合同时，要及时向建设单位提出建议，协助建设单位与承建单位协商变更工程承包合同。""建设单位与承建单位在执行工程承包合同过程中发生的任何争议，均须提交总监理工程师调解。总监理工程师接到调解要求后，必须在30日内将处理意见书面通知双方。"

（3）施工过程中施工单位和监理单位的配合。

1）工程施工质量控制。工程质量有诸多影响因素，搞好工程质量重点要做好如下工作：①认真审查设计图纸，为搞好施工质量创造良好条件。监理工程师将从组织图纸会审入手，解决图纸上存在的问题。例如土建图纸与各专业图纸中不能交圈对口的矛盾，又如不符合当时、当地施工条件之处，这些问题应解决在施工之前，应当受到施工单位的支持。在会审之前，要组织内部工程技术人员对图纸进行学习审查，汇总发现的图纸问题。在监理工程师组织的图纸会审会上与设计人员商讨解决图纸问题，会审之后要办理一次性洽商记录，形成施工技术、经济的文字依据；②监理工程师审查总包单位的质量保证体系和分包单位的资质，以及分包合同。施工单位应提供分包合同，填写分包单位资质审查申请表，并附上主要负责人员的详细名单，在分包单位进场前10天报监理工程师；监理工程师应在收到申请表后5天内以书面形式予以答复。在施工过程中，如发现质量保证体系不到位，监理工程师应书面通知施工单位；通知发出后10日仍得不到解决，监理单位应发出书面停工通知书，同时抄送建设单位及当地建设行政主管部门；③审查施工组织总设计、施工组织设计、分部工程施工方案、分项工程施工工艺。施工单位应及时将上述施工技术文件在该项目施工前报送监理工程师。监理工程师提出意见，施工单位应做出上述技术文件的修改补充方案。经监理工程师审查批准的施工组织设计及有关方案，业主、施工单位应共同遵守，且成为工程费用结算时的依据。上述施工文件应包括：季节性（冬雨季）施工技术措施、±0.000以下地下室工程、主体工程、内外装修工程、暖卫工程、电气工程、通风空调工程、电梯安装等分部及主要分项工程的施工方案；④签认隐蔽工程检查验收记录。工程符合覆盖或掩埋条件，混凝土工程具备浇灌条件时，在项目经理部自检合格，质检员签认隐检后，在隐蔽工程进行前48小时将隐检单交送监理工程师，经监理工程师复查签认，方可进行隐蔽工程的施工；⑤分部分项工程质量等级的确认。施工单位随工程进度将分部、分项工程质量评定结果于每月5日前报监理工程师，3日内监理工程师签认回复意见。质量等级认可后作为拨付工程款的依据；⑥原材料、半成品的质量审核认可。依据当地政府主管部门规定（例如《北京市建筑安装工程施工技术资料管理规定》），施工项目经理部必须填写"建筑材料报验单"和"进场设备报验单"，并应附上出厂合格证明和检验试验报告，不合格的或未经验证的原材料或设备不得在工程上使用。监理单位应对报送合格证的材料、半成品进行抽样复查；⑦施工试验资料随工期进展按部位及时将试验结果报送监理单位，监理单位登入自身有关分类台账后，将试验单返还施工项目经理部。包括混凝土及砂浆试压记录，填土、灰土干容重记录，钢筋试件记录、暖卫通风空调电气等分部工程所要求的试验记录；⑧监理工程师对工程质量的检查，是在施工项目经理部质检人员检查合格的基础上进行的，首先要求施工单位质保体系健全。当监理人员发现不符合图纸、规范标准时，应发"质量问题通知书"，施工单位应及时处理改正，否则监理工程师即发出"不合格工程通知书"。当质量事故出现后，施工单位应及时组织有关人员进行事故原因分析，并提出处理方案报监理工程师，经认可后方可进行处理；⑨凡使用新材料、新产品、新工艺、新技术的项目应有鉴定证明、产品质量标准、使用说明和工艺要求，并在本工程使用前15日报监理单位，监理单位收到上述资料后5日内以书面形式予以答复；⑩监理工程师督促施工项目经理部对工程技术资料的收集、整理、归档。其中设计变更洽商记录必须经监理工程师签字，档案资料必须符合当地技术资料管理标准的规定。

2）施工进度控制的相关要求：①项目施工总承包的项目经理应编制施工总进度计划；监理工程师应审核是否符合合同规定的总工期要求的进度，并书面提出审核意见；②项目经理部应依据批准的施工总进度计划，列出季度、月度施工计划，并分别于上季度末或上月末前 5 日（即 25 日）报监理工程师审核，监理工程师收到计划 5 日内对可行性及是否满足总进度计划提出书面答复，若监理工程师 5 日内未做回复，施工单位可视为其已批准该计划；③项目经理部认为需要修改施工进度计划时，应提前 3 天报送修订后的计划；监理工程师应在收到后 3 日内做出答复，超出 3 日未做出答复则视为已批准修改后的计划；④监理工程师为进行进度协调工作，应建立监理例会制度，其中有第一次例会、经常性例会、专业性例会，施工单位应予以配合。经常性例会一般为每周召开一次，主要内容有：a. 上次例会所定事项的落实情况；b. 本周工程进展情况；c. 下周工程计划部位；d. 施工单位人员投入情况；e. 设备投入及其运转情况；f. 材料进场时间及其质量情况；g. 需要研究的施工技术问题和工程质量问题；h. 对有关各方（业主、施工、监理）下周工作的要求；i. 工程管理情况和解决办法的要求；j. 工程费用支付情况；k. 需要协调的各部门之间的事项；⑤监理工程师要经常掌握工程实际进度及部位，与项目经理部提供的月度计划进行分析对比，如发现问题应及时通知施工单位采取补救措施。

　　3）工程投资控制的相关要求：①严格执行招标投标（中标标书）约定的工作内容和中标价格。当地的招标投标管理办公室负责管理招标投标工作，经过招标投标手续后的中标内容和价格均受到法律保护，对业主方、承包方都有约束力。监理工程师要严格执行上述文件内容、以及在此基础上签订的工程施工承包合同；②审核认定施工中发生的增减账洽商。此项工作可按四个阶段进行，即：地下室基础阶段；主体结构阶段；装修阶段；室外工程阶段。应分别编制增减账预算。监理工程师自收到施工单位所报增减账之后，一般应在 20 日内以书面形式予以答复。监理工程师要以资料和事实为依据，必须坚持实事求是的原则，努力做到公正合理；施工单位应当努力配合，提供可靠的书面资料和取费依据。当出现争执时要耐心做好工作，合理、灵活地处理问题；③检验工程数量签发工程价款结算单是监理工程师的职责。施工单位应在每月 28 日前将本月完成（其中有 2 天是预计数）的工程部位工程量清单一式 3 份交监理工程师审核签认，其中包括各分包单位的完成量。监理工程师在接到报告后 5 天内答复或批准。对其他跨月施工和暂不能评定质量等级的工程量，可按已完成量的 50% 计价，待质量评定后再按实调整。凡是有《质量不合格通知书》的部位，在未修改合格之前不得报量，且不予以支付工程价款；④施工单位应将加工订货的质量、数量，供货日期及时报监理工程师，以便对货款的支付予以签认。

3. 劳动力管理与协调工作

（1）劳动力组织形式。项目施工中的劳动力组织，是指劳务市场向施工项目供应劳务承包队，可以成建制地或部分地承包项目经理部所辖的一部分或全部工程的劳务作业。该作业队内设10人以内的管理人员，有200～400人。其职责是接受劳务部门的派遣，承包工程，进行内部核算，进行职工培训，思想工作，生活服务，支付工人劳动报酬。如果企业规模较大，还可由3～5个作业队组成劳务分公司，亦实行内部核算。作业队内划分班组。

项目经理部根据计划与劳务合同，接收作业队派遣的作业人员后，应根据工程的需要，或保持原建制不变，或重新进行组合。组合的形式有三种。

1）专业班组。即按施工工艺，由同一工种（专业）的工人组成的班组。专业班组只完成其专业范围内的施工过程。这种组织形式有利于提高专业施工水平，提高熟练程度和劳动效率，但是给协作配合增加了难度。一般大型工业建筑和较大型公共建筑、群体民用建筑，采取分部分项工程的主要工程，适宜组织专业班组。

2）混合班组。它由相互联系的多工种工人组成，可以在一个集体中进行混合作业，工种可以打破每个工人的工种界限。这种班组对协作有利，但不利于专业技能及熟练水平的提高。一般民用建筑和小型工业建筑适宜混合班组。

3）大包队。这实际上是扩大了的专业班组或混合班组，适用于一个单位工程或分部工程的作业承包。该队内还可以划分专业班组。其优点是可以进行综合承包，独立施工能力强，有利于协作配合，简化了管理工作。

（2）劳动力管理。

1）劳动力管理责任。工长是施工现场劳动力动态管理的直接责任者，其责任是：①按计划要求向项目经理部或劳务管理部门申请派遣劳务人员，并签订劳务合同；②按计划在项目中分配劳务人员，并下达施工任务单或承包任务书；③在施工中不断进行劳动力平衡、调整，解决施工要求与劳动力数量、工种、技术能力、相互配合中存在的矛盾。在此过程中按合同与企业劳务部门保持信息沟通、人员使用和管理的协调；④按合同支付劳务报酬。解除劳务合同后，将人员遣归内部劳务市场。

2）劳动力配置方法：①应在劳动力需用量计划的基础上再具体化，防止漏配。必要时根据实际情况对劳动力计划进行调整；②如果现有的劳动力能满足要求，配置时尚应贯彻节约原则。如果现有劳动力不能满足要求，工长应向项目经理部申请加配，或在其授权范围内进行招募，也可以把任务转包出去。如果在专业技术或其他素质上现有人员或新招收人员不能满足要求，应提前进行培训，再上岗作业。培训任务主要是进行辅助培训，即临时性的操作训练或试验性操作练兵，进行劳动纪律、工艺纪律及安全作业教育等；③配置劳动力时应积极可靠，让工人有超额完成的可能，以获得奖励，进而激发出工人的劳动热情；④尽量使作业层使用的劳动力和劳动组织保持稳定，防止频繁调动。当在用劳动组织不适应任务要求时，应进行劳动组织调整，并应敢于打乱原建制进行优化组合；⑤为保证作业需要，工种组合、技术工人与壮工比例必须适当、配套；⑥尽量使劳动均衡配置，以便于管理，使劳动资源强度适当，达到节约的目的。

（3）施工任务书。

1）施工任务书的作用。施工任务书（也称工程任务单）是基层组织施工、指导施工、向班组贯彻生产作业计划的有效形式，也是实行定额管理、进行工资分配和组织经济核算的主要依据。通过施工任务书，可以把生产、技术、质量、安全、降低工程成本等各项经济技术指标和施工措施分解，落实到班组，保证施工作业计划的全面实施。运用施工任务书，可以组织班组和个人实行有定额的劳动，使企业各项指标和班组的利益结合起来。根据施工任务书，可以对班组的施工生产活动进行监督、检查，具体考核每个班组的工日利用、劳动效率、工程质量、安全生产等情况，并成为企业分析劳动生产力的生产凭证和第一手资料。

2）施工任务书的内容。施工任务一般分为计时任务书、计件任务书和包工任务书（或内部承包合同）。施工任务书的内容主要包括：工程项目、工程数量、劳动定额、计划工日、操作范围、开竣工日期，以及工程质量、安全生产、文明施工要求和技术、节约措施等。

随同施工任务书的有班组考勤表、材料限额领料单和班组质量自检记录单。施工任务书的一般表式见表1-2。

3）施工任务书的格式，见表1-2。

表1-2　　　　　　　　　施 工 任 务 书

_____施工队_____组

单位工程名称_____　　　　　　　　　　　　　　_____年___月___日

定额编号	工程项目	单位	计划用工数			实际完成			
			工程量	时间定额	定额工日	工程量	耗用工日	完成定额(%)	附注

4）施工任务书的签发。施工任务书管理是基层施工单位的一项综合性管理工作。它直接涉及生产、技术、质量、安全、预算、材料、劳动工资和成本核算等部门的专业工作。施工任务书签发的基本程序和要求是：①由工长会同劳动工资部门，根据批准的月、旬施工作业计划，以单位工程施工预算、劳动定额为依据，按单位工程或分部分项工程进行签发。材料部门根据施工任务书的工程项目和工程量，签发材料限额领料单，施工任务书和材料限额领料单，通常在施工前1～2天下达给班组，以便班组进行必要的施工准备；②在向班组下达施工任务书的同时，应根据施工任务书要求进行全面交底，主要包括：施工任务、施工方法、操作规程、质量、安全要求、定额标准，定额中包括工作内容和技术、节约措施；③施工班组接到任务后，应根据施工任务书和材料限额领料单的规定、要求，组织全班讨论，按班组成员的具体情况明确分工，必要时内部可划分几个协调小组，制定实施计划，把责任落实到人；④在执行施工任务过程中，施工组织者和有关部门必须为班组创造正常的施工条件，及时解决施工中出现的问题，施工组合理组织施工，开展班组经济核算，全面完成施工任务。施工任务书一经签发，不得变更或废止；⑤施工班组必须按施工任务书指定项目进行施工，并根据实际参加人数逐日考勤记录。如因各种原因增减工程项目，或遇有风雨停工停水、停电等，均应按规定取得主管部门对施工任务书签发的签证手续。

5）施工任务书的结算。结算施工任务书应做到随完随结。班组完成任务书的任务后，首先要进行质量自检，清整场地，并在完工后1～5天内，由班长提交工长，并会同有关部门，办理验收实际完成工作量，进行质量评定及材料退库手续。劳动工资部门在复查各项签证手续和资料完备的基础上，核实工程项目与劳动定额及考勤记录后，方可进行结算。

施工任务书，一般每月全部结算一次。对当月任务书中指定的项目未完工，需要下月继续施工的，也要进行预结算，并根据核算要求办理跨月预结算手续，以保证月份工程成本核算的准确性。

施工任务书的签发和结算工作，必须坚持规定的流程，做到统一口径，内容完整，签证齐全，循转有序。建立施工任务书签发、结算、班组完成定额效率、奖金分配等台账，对单位工程结算工日与实用工日进行比较，并对班组质量水平、奖金水平、各类人员奖金比例进行分析。每月的施工任务书结算后，应装订成册，由主管部门负责保管。

（4）劳动力动态管理。劳动力的动态管理指的是根据生产任务和施工条件的变化对劳动力进行跟踪平衡、协调，以解决劳务失衡、劳务与生产要求脱节等问题的动态过程。其目的是实现劳动力动态的优化组合。

劳动力动态管理的原则有以下内容。

1）动态管理以进度计划与劳务合同为依据。

2）动态管理应始终以企业内部市场为依托，允许劳动力在市场内作充分的合理流动。

3）动态管理应以动态平衡和日常调度为手段。

4）动态管理应以达到劳动力优化组合和以作业人员的积极性充分调动为目的。

三、工程现场施工条件及重点难点分析

1. 工程施工条件分析

由于各地区施工条件千差万别，造成建筑工程施工所面对的困难各不相同，施工组织设计首先应根据地区环境的特点，解决施工过程中可能遇到的各种难题。

（1）项目建设地点气象状况。简要介绍项目建设地点的气温、雨、雪、风和雷电等气象变化情况以及冬、雨期的期限和冬季土的冻结深度等情况（还可包括海拔、日平均温度、极端最低温度、极端最高温度、最大冻结深度、年平均温度、室外风速、室外计算相对湿度、年降水量、风力、雷暴日数、采暖期度日数等）。

（2）项目施工区域地形和工程水文地质状况。简要介绍项目施工区域地形变化和绝对标高、地质构造、土的性质和类别、地基土的承载力、河流流量和水质、最高洪水和枯水期的水位、地下水位的高低变化、含水层的厚度、流向、流量和水质等情况（还可包括场地的地层构造、岩石和土的物理力学性质、地下水的埋藏条件、土的冻结深度等地质情况）。

（3）项目施工区域地上、地下管线及相邻的地上、地下建（构）筑物情况。建设单位在申请领取建设工程规划许可证前，应到城建档案管理机构查询施工地段的地下管线工程档案，取得该施工地段地下管线现状资料。施工单位在地下管线工程施工前应取得施工地段地下管线现状资料；施工中发现未建档的管线，应及时通过建设单位向当地县级以上人民政府建设主管部门或者规划主管部门报告。

（4）与项目施工有关的道路、河流等状况。

1）红线。城市道路两侧建筑用地与道路用地的分界线。

2）蓝线。是指城市规划确定的河、湖、库、渠、人工湿地、滞洪区等城市河流水系和水源工程的保护与控制的地域界线，以及因河道整治、河道绿化、河道生态景观建设等需要而划定的规划保留区。

蓝线划定的目标是维护河流水系的自然性和生态的完整性，保障水源工程的安全性，实现河流水系、水源工程保护在空间上的预先控制。城市蓝线内禁止进行下列建设活动：违反城市蓝线保护和控制要求的建设活动；擅自填埋、占用城市蓝线内水域；影响水系安全的爆破、采石、取土；擅自建设各类排污设施；其他对城市水系保护构成破坏的活动。需要占用蓝线内的用地和水域的，应报经省、市、县人民政府建设主管部门同意，并依法办理相关手续，占用后应当限期恢复。

（5）当地建筑材料、设备供应和交通运输等服务能力状况。简要介绍建设项目的主要材料、特殊材料和生产工艺设备供应条件及交通运输条件。

（6）当地供电、供水、供热和通信能力状况。根据当地供电、供水、供热和通信情况，按照施工需求，描述相关资源提供能力及解决方案。

（7）其他与施工有关的主要因素。

1）紫线：是指国家历史文化名城内的历史文化街区和省、自治区、直辖市人民政府公布的历史文化街区的保护范围界限，以及文化街区外经县级以上人民政府公布保护历史建筑的保护范围界线。在城市紫线范围内禁止进行下列活动：①违反保护规划的大面积拆除、开发；②对历史文化街区传统格局和风貌构成影响的大面积改建；③损坏或者拆毁保护规划确定保护的建筑物、构筑物和其他设施；④修建破坏历史文化街区传统风貌的建筑物、构筑物和其他设施；⑤占用或者破坏保护规划确定保留的园林绿地、河湖水系、道路和古树名木等；⑥其他对历史文化街区和历史建筑的保护构成破坏性影响的活动。

2）黄线：是为了加强城市基础设施用地管理，保障城市基础设施的正常、高效运转，保障城市经济、社会健康发展而划定的。黄线是指对城市发展全局有影响的、城市规划中确定的、必须控制的城市基础设施用地的控制界线。在城市黄线范围内禁止进行下列活动：①违反城市规划要求，进行建筑物及其他设施的建设；②违反国家有关技术标准和规范进行建设；③未经批准，改装、迁移或拆毁原有的城市基础设施；④其他损坏城市基础设施或影响城市基础设施安全和正常运转的行为。

3）绿线：是指城市各类绿地范围的控制线。因建设或者其他特殊原因，需要临时占用城市绿线内的用地的，必须依法办理相关审批手续；任何单位和个人不得在城市绿地范围内进行拦河截溪、取土采石、设置垃圾堆场、排放污水以及其他对生态环境构成破坏的活动。各类建筑工程要与其配套的绿化工程同步设计、同步施工、同步验收，达不到规定标准的，不得投入使用。

2. 施工重点难点分析及措施

工程的重点和难点对于不同工程和不同企业具有一定的相对性，某些重点、难点工程的施工方法可能已通过有关专家论证成为企业工法或企业施工工艺标准，此时企业可直接引用。重点、难点工程的施工方法选择应着重考虑影响整个单位工程的分部（分项）工程，如工程量大、施工技术复杂或对工程质量起关键作用的分部（分项）工程。

分析工程设计情况、合同文本情况、当地环境情况等，从组织管理和施工技术两个方面提出重点和难点，并且提出简要的应对措施。建议用表格形式表述。

（1）组织管理重点分析及应对措施（表1-3）。

表1-3　　　　　　　　　组织管理重点分析及应对措施表

序号	组织管理重点	具体分析	应对措施	责任人

（2）施工技术难点分析及应对措施（表1-4）。

表1-4　　　　　　　　　施工技术难点分析及应对措施表

序号	施工技术难点	具体分析	应对措施	责任人

四、项目施工现场布置

项目施工现场是指从事工程施工活动经批准占用的施工场地。它既包括红线以内占用的建筑用地和施工用地，又包括红线以外现场附近，经批准占用的临时施工用地。

项目施工现场管理是指项目经理部按照《施工现场管理规定》和城市建设管理的有关法规，科学合理地安排使用施工现场，协调各专业管理和各项施工活动，控制污染，创造文明安全的施工环境和人、材、物、资金流畅通的施工秩序所进行的一系列管理工作。

1. 施工项目现场布置管理

（1）规划及报批施工用地。

1）根据施工项目及建筑用地的特点科学规划，充分、合理使用施工现场场内占地。

2）当场内空间不足时，应会同发包人按规定向城市规划部门、公安交通部门申请，经批准后，方可使用场外施工临时用地。

（2）设计施工现场平面图。

1）根据建筑总平面图、单位工程施工图、拟定的施工方案、现场地理位置和环境及政府部门的管理标准，充分考虑现场布置的科学性、合理性、可行性，设计施工总平面图、单位工程施工平面图。

2）单位工程施工平面图应根据施工内容和分包单位的变化，设计出阶段性施工平面图，并在阶段性进度目标开始实施前，通过施工协调会议确认后实施。

（3）建立施工现场管理组织。

1）项目经理全面负责施工过程中的现场管理，并建立施工项目现场管理组织体系。

2）施工项目现场管理组织应由主管生产的副经理、主任工程师、分包人、生产、技术、质量、安全、保卫、消防、材料、环保、卫生等管理人员组成。

3）建立施工项目现场管理规章制度和管理标准、实施措施、监督办法和奖惩制度。

4）根据工程规模、技术复杂程度和施工现场的具体情况，遵循"谁生产、谁负责"的原则，建立按专业、岗位、区片的施工现场管理责任制，并组织实施。

5）建立现场管理例会和协调制度，通过调度工作实施的动态管理，做到经常化、制度化。

（4）建立文明施工现场。

1）遵循国务院及地方建设行政主管部门颁布的施工现场管理法规和规章认

真管理施工现场。

2）按审核批准的施工总平面图布置和管理施工现场，规范场容。

3）项目经理部应对施工现场场容、文明形象管理做出总体策划和部署，分包人应在项目经理部指导和协调下，按照分区划块原则做好分包人施工用地场容、文明形象管理的规划。

4）经常检查项目施工现场管理的落实情况，听取社会公众、近邻单位的意见，发现问题，及时处理，不留隐患，避免再度发生，并实施奖惩。

5）接受政府建设行政主管部门的考评机构和企业对建设工程施工现场管理的定期抽查、日常检查、考评和指导。

6）加强施工现场文明建设，展示和宣传企业文化，塑造企业及项目经理部的良好形象，及时清场转移。

7）施工结束后，应及时组织清场，向新工地转移。

8）组织剩余物资退场，拆除临时设施，清除建筑垃圾，按市容管理要求恢复临时占用土地。

2. 施工现场平面设计

（1）现场平面布置图类别。单位工程施工现场平面布置图应参照施工总平面布置的规定，结合施工组织总设计，按不同施工阶段（一般按地基基础、主体结构、装修装饰和机电设备安装三个阶段）分别绘制，包括以下内容。

1）基础阶段施工平面布置图。

2）主体阶段施工平面布置图。

3）装饰装修阶段施工平面布置图。

4）施工环境平面图。

5）临建的用电和供水平面布置图。

（2）现场平面布置图设计内容。

1）工程施工场地状况。

2）拟建建（构）筑物的位置、轮廓尺寸、层数等。

3）工程施工现场的加工设施、存贮设施、办公和生活用房等的位置和面积。

4）布置在工程施工现场的垂直运输设施、供电设施、供水供热设施、排水排污设施和临时施工道路等。

5）施工现场必备的安全、消防、保卫和环境保护等设施。

6）相邻的地上、地下既有建（构）筑物及相关环境。

（3）现场平面布置图设计依据。施工现场平面布置图比例：采用的比例为

1：500至1：200。设计的依据如下。

　　1）建筑总平面图及施工场地的地质地形。

　　2）工地及周围生活、道路交通、电力电源、水源等情况。

　　3）各种建筑材料、预制构件、半成品、建筑机械的现场存储量及进场时间。

　　4）单位工程施工进度计划及主要施工过程的施工方法。

　　5）现有可用的房屋及生活设施。包括临时建筑物、仓库、水电设施、食堂、锅炉房、浴室等。

　　6）一切已建及拟建的房屋和地下管道，以便考虑在施工中利用或影响施工的，则提前拆除。

　　7）建筑区域的竖向设计和土方调配图。

　　（4）现场平面布置图设计步骤。

　　1）布置起重机位置及开行路线。

　　2）布置材料、预制构件仓库和搅拌站位置：①布置材料、预制构件堆场及搅拌站位置，材料堆放尽量靠近使用地点；②如用固定式垂直运输设备如塔吊，则材料、构配件堆场应尽量靠近垂直运输设备，采用塔式起重机为垂直运输时，材料、构件堆场、砂浆搅拌站、混凝土搅拌站出口等，应布置在塔式起重机有效起吊范围内；③预制构件的堆放要考虑吊装顺序；④砂浆、混凝土搅拌站的位置应靠近使用位置或靠近运输设备。浇筑大型混凝土基础时，可将混凝土搅拌站设在基础边缘，待基础混凝土浇筑后再转移。砂、石及水泥仓库应紧临搅拌站布置。

　　3）布置运输道路的原则有：①尽可能利用永久性道路提前施工后为施工使用，或先造好永久性道路的路基，在交工前再铺路面；②现场的道路最好是环形布置，以保证运输工具回转、调头方便；③单位工程施工平面图的道路布置，应与施工总平面图相配合。

　　4）布置行政管理及生活用临时性房屋的要求：①工地出入口要设门岗；②办公室要布置在靠近现场；③工人生活用房应尽可能利用建设单位永久性设施，若系新建工程，则生活区应与现场分隔开来；④通常新建工程的行政管理及生活用临时房屋由施工总平面来考虑。

　　5）布置水电管网的要求：①一般面积在 5000～10000m^2 的单位工程施工用水管管径为 100mm，支管用 40mm 或 25mm，100mm 管可供给一个消防龙头的水量；②施工现场应设消防水池、水桶、灭火器等消防设施，施工中的防火尽量利用建设单位永久性消防设备，新建工程则由施工总平面图考虑；③当水压不够时可加设加压泵或设蓄水池解决；④工地变压站的位置应布置在现场边缘高压线接入处，四周用铁丝网围住，变压站不宜布置在交通要道口；⑤工地排水沟最好与永久性排水系统相结合，特别注意防洪，防止暴雨季节其他地区的地面水涌入现场。此时，在工地四周要设置排水沟；⑥要充分考虑对周边环境的影响，尽可能保持原有的环境地貌，减少对周边环境的影响，同时，生活垃圾、工地废料等都应该采取环保的方法处理；⑦施工环境平面图中应标注污水排放示意、消防点布置、噪声测试点分布、周边环境等；⑧临时用水布置图应根据施工方案中所设计的临时给水系统进行给水管布置，包括水龙头等的布置；⑨临时用电布置图应根据施工方案中所设计的临时用电系统进行电缆布置，包括配电箱、配电柜等的布置；⑩临时道路应根据生产和生活的要求，考虑企业 CI 规划，明确道路的宽度、走向、厚度及材料等问题。

五、项目施工部署

1. 施工部署的原则

施工部署是施工组织设计的纲领性内容，施工进度计划、施工准备与资源配置计划、施工方法、施工现场平面布置和主要施工管理计划等施工组织设计的组成内容，都应该围绕施工部署确定的原则进行编制。施工部署原则要宏观，可从以下几个方而考虑。

（1）满足合同要求。一切施工活动要满足合同要求。施工部署原则首先要满足合同工期要求，充分酝酿任务、人力、资源、时间和空间、工艺的总体布局和构思。

（2）施工任务划分与组织安排。明确施工项目管理体制、机构；划分各参与施工单位的任务；确定综合的和专业化的施工组织；划分施工阶段。

（3）确定施工程序和总体施工顺序。单位工程施工程序是指单位工程中各分部工程之间、土建和各专业工程之间或不同施工阶段之间所同有的、密切不可分割的在时间上的先后次序，它不能跳跃和颠倒，它主要解决时间搭接上的问题。

1）单位工程施工中应遵循"四先四后"的施工程序原则，即先地下后地上；先主体后围护；先结构后装饰；先土建后专业。

2）单位工程总体施工顺序是指从基坑挖土到主体结构、装修、机电设备专业安装等，直至工程竣工验收施工全过程的施工先后顺序。

3）总体施工顺序的描述应体现工序逻辑关系原则，要遵循上述施工程序的一般规律。

（4）确定施工起点流向和施工顺序。

1）确定施工起点流向。施工起点流向是指单位工程在平面或空间上的施工顺序，即施工开始的部位和进展的方向。平面上要划分施工段及施工的起点及流向；空间上考虑分层施工的流向。它的合理确定，将有利于扩大施工作业面，组织多工种平面或立体流水作业，缩短施工周期和保证工程质量。单位工程施工流向的确定一般遵循先地下后地上；先主体后围护；先结构后装饰；先土建后专业的次序。施工流向的确定应考虑生产使用的先后、施工区段的划分与材料、构件、土方的运输方向不发生矛盾、适应主导工程（工程量大、技术复杂、占用时间长的施工过程）的合理施工顺序等因素。

2）确定施工顺序。施工顺序是指单位工程内部各分部分项工程或施工过程之间施工的先后次序。确定施工顺序既是为了按照客观的施工规律和工艺顺序组织施工，也是为了解决工种之间在时间上的搭接问题，从而在保证质量和安全的前提下，做到充分利用空间、争取时间，实现缩短工期的目的。

施工顺序应根据实际的工程施工条件和采用的施工方法来确定，合理地确定施工顺序是编制施工进度计划的需要。施工顺序的确定应遵循施工程序要求、符合施工工艺、做到施工顺序和施工方法一致、与施工方法和施工机械要求一致、遵循工期和施工组织要求、施工质量和安全要求，充分考虑当地气候对工程的影响等多种因素。

（5）时间连续的部署原则。主要考虑分部分项工程的季节施工，如冬期、雨期、暑期对施工的影响。

（6）考虑各专业配合。从平面、空间占满，做好专业施工的配合角度考虑，各专业工种间良好配合，进行有机穿插、流水作业施工。专业配合主要包括：主体和安装、主体和装修、机电安装和装修的立体、交叉作业等。主要说明为达到平面、空间占满、立体、交叉作业所采取的方法，如施工分层分段、流水作业、结构分阶段验收、二次结构、机电安装及装修工程的提前插入等。

（7）资源的合理配置。主要考虑劳动力、机械设备的配置和材料的投入，应根据各施工阶段的特点来安排施工部署。建筑物施工方案及机械化施工总方案的拟订，要从施工机械类型和数量、辅助配套或运输机械选择、所选机械化施工方案应是技术先进、经济上合理等因素出发。

（8）工程各个阶段特点的因素。应综合考虑工程各个阶段施工的不同特点，结合其具体情况，进行工程施工总体安排，并对工程各施工阶段（施工准备阶段、基础施工阶段、主体结构阶段、装修阶段）的里程碑目标进行描述。包括地下结构施工到±0.000时间、结构封顶时间、二次结构插入时间、装修工程插入时间、现场施工与材料选型及二次深化设计之间的交叉、初装饰与精装修工程的交叉、土建与机电安装之间的交叉、地上结构与地下室外防水及回填土的交叉、塔式起重机和施工电梯的进退场时间等内容的总体施工部署的安排进行描述。

（9）"四新"技术应用。对工程施工中开发和使用的"四新"技术（新技术、新工艺、新材料、新设备）以及《建筑业十项新技术应用（2010）》做出部署，并提出技术和管理要求。对新结构、新材料、新技术组织试制和实验要求。

（10）满足流水施工要求。根据工程特点和要求，考虑是否流水施工、交叉作业等。

（11）满足现场环境因素。根据拟建工程周边环境，考虑扰民和环保等因素。考虑场内外运输、施工用道路、水、电、气来源及其引入方案；场地的平整方案和全厂性的排水、防洪；生产生活基地；规划和修建附属生产企业等。

（12）以人为本、科学管理。以人为本的管理是一种新型的管理理念，施工部署原则要以人为根本，把"以人为中心"作为最根本的指导思想，坚持一切从人的需要出发，以调动和激发人的积极性和创造性为根本手段，从而达到提高工作效率和顺利完成施工任务的目的。

（13）创优工程及文明施工的要求。如工程有创优、创杯或创文明工地的奖项要求及其他特殊要求，应按照这些要求进行部署。

（14）其他。如装修工程宜遵从先室外后室内、先上后下、先湿作业后干作业的原则。还要注意主体工程与配套工程（如变电室、热力点、污水处理等）相适应的原则，力争配套工程为主体工程服务，主体工程竣工时，能立即投入使用。

2. 施工部署的编制

（1）施工组织设计中的施工部署是该工程施工的战略战术性决策意见，施工部署方案应在若干个初步方案的基础上进行筛选优化后确定。

（2）施工部署必须体现出项目经理如何组织施工的指导思想，必须明确项目经理在工程开工前是如何对整个工程施工进行总体布局，而这个布局就是对工程施工所涉及的任务、人力、资源、时间和空间进行构思、总体设计与全面安排。

（3）由于拟建工程的性质、规模、客观条件不同，施工部署的内容和侧重点也各不相同。因此在进行施工部署设计时，应结合工程的特点，对具体情况进行具体分析，遵循建筑施工的客观规律，按照合同工期的要求，事先制定出必须遵循的原则，做出切实可行的施工部署。

（4）施工部署的内容在实际编制中，较多编制人员感到困惑不解，很多情况下写不出东西来，即使写了，也往往把不是施工部署的内容写进去。如，经常出现把施工准备、施工方法的内容写进去的情况。在写法上也没有宏观地写，内容原则性不强，其原因是编制人员对施工部署概念不清楚，没有真正理解施工部署的指导思想和核心内容。

（5）施工部署是在工程实施之前，对整个拟建工程进行通盘考虑、统筹策划后，所做出的全局性战略决策和全面安排，并且明确工程施工的总体设想。

（6）施工部署是宏观的部署，其内容应明确、定性、简明和提出原则性要求。并应重点突出部署原则。施工部署的关键是"安排"，核心内容是部署原则，要努力在"安排"上做到优化，在部署原则上，要做到对所涉及的各种资源在时空上的总体布局进行合理的构思。因此，只要抓住和理解其核心内容，就能写好施工部署的内容。

六、施工流水段划分及工艺流程要求

1. 施工流水段的划分

施工部署应对本单位工程的主要分部（分项）工程和专项工程的施工做出统筹安排，对施工过程的里程碑节点进行说明。施工流水段划分应根据工程特点及工程量进行合理划分，并应说明划分依据及流水方向，确保均衡流水施工。

（1）作用：流水作业方法是合理组织产品生产的有效手段，它建立在分工协作和大批量生产的基础上，其实质就是连续作业，组织均衡生产。

（2）组织建筑工程流水施工，必须具备以下条件。

1）将拟建工程项目的整个建造过程分解为若干施工过程，每个施工过程分别由固定的专业队伍负责实施完成。

2）将拟建工程项目划分为若干个施工段（又称为流水段）。

3）确定各施工专业队在各施工段内工作的持续时间。

4）各专业工作队按一定的施工工艺、配备必要的施工机具、使用相同的材料，依次、连续地进入各施工段反复完成同类型的工作。

5）在保证各施工过程连续施工的前提下，将其施工时间最大限度地搭接起来。

（3）组织流水施工的经济效果有以下几点。

1）可以缩短施工工期。

2）可以提高劳动生产率。

3）可以降低工程成本。

2．施工工艺流程要求

（1）根据工程建筑、结构设计情况以及工期、施工季节等因素，确定单位工程施工工艺总流程，并应有工艺总流程图。

（2）在工艺总流程基础上，可对重要的分部分项工程细化确定分流程图。

第二章

施工准备与资源配置

施工准备是为拟建工程的施工创造必要的技术、物质条件，是完成单位工程施工任务的首要条件，是为工程早日开工和顺利进行所必须做的一些工作。施工准备不仅存在于开工之前，而且贯穿于整个施工过程之中。

一、技术准备

技术准备应包括施工所需技术资料的准备、施工方案编制计划、试验检验及设备调试工作计划、样板制作计划等。

1. 技术资料文件准备计划

主要指工程施工所需的国家、行业、地方和本企业的有关规范、标准、文件及标准图集配备计划，见表2-1。

表2-1 技术文件准备计划一览表

序号	文件名称	文件编号	配备数量	持有人

2. 施工方案编制计划

主要分部（分项）工程和专项工程在施工前应单独编制施工方案。施工方案可根据工程进展情况，分阶段编制完成。需要编制单位（项）工程施工方案的包括分部分项工程，特殊工程，关键与特殊过程、特殊施工时期（冬季、雨季和高温季节）、结构复杂、施工难度大、专业性强的项目（建设部建质〔2009〕87号文规定），规范标准规定、地方及业主规定、企业内控要求所规定的项目。对需要编制的主要施工方案应制定编制计划，见表2-2。

表 2 - 2　　　　　　　　　　　施工方案编制计划表

序号	文件名称	编制单位	负责人	完成时间

3. 试验检验及设备调试工作计划

应根据现行规范、标准中的有关要求及工程规模、进度等实际情况制定。

（1）施工试验检验计划。主要指大宗材料的试验、土建施工过程的一些试验检验。土建施工过程的试验检验包括：屋面淋水试验、地下室防水效果检验、有防水要求的地面蓄水试验、建筑物垂直度标高全高测量、抽气（风）道检验、幕墙及外窗气密性水密性耐风压检测、建筑物沉降观测、节能保温测试以及室内环境检测等，可采用表格形式编制试验检验计划，见表 2 - 3。

表 2 - 3　　　　　　　　　　施工试验检验计划表

序号	工程部位	检验项目	单位	检验频率	检验时间	责任人

（2）机电设备调试计划。主要指给水管道通水试验、暖气管道散热器压力试验、卫生器具满水试验、消防管道燃气管道压力试验、排水干管通球试验、照明全负荷试验、大型灯具牢固性试验、避雷接地电阻测试、线路插座开关接地检验、通风空调系统试运行、风量温度测试、制冷机组运行调试、电梯运行、电梯安全装置检测、系统试运行以及系统电源及接地检测等。可采用表格形式编制机电设备调试计划，见表 2 - 4。

表 2 - 4　　　　　　　　　　　机电调试计划表

序号	调试项目	工程部位	调试方式	调试时间	责任人

4. 技术复核和隐蔽验收计划

国家工程质量验收规范对技术复核和隐蔽验收的内容进行有规定，但项目经常会忽视一些应该进行复核或隐蔽的内容，因此项目应提前对此内容进行策划。可采用表格形式编制技术复核和隐蔽验收计划，见表2-5。

表2-5　　　　　　　　技术复核和隐蔽验收计划表

序号	技术复核、隐蔽验收部位	复核和隐蔽内容	责任人

5. 样板制作计划

应根据施工合同或招标文件的要求并结合工程特点制订。实际上，工程施工每项工序都应该有样板，这里样板主要指比较大的工程部位，尤其是当采用新材料、新工艺等时，更应该先做样板。可采用表格形式编制样板制作计划，见表2-6。

表2-6　　　　　　　　　样板制作计划表

序号	工程部位	样板名称	样板工作量	制作时间	责任人

6. 施工图深化设计

包括：钢筋工程翻样、结构模板设计（排版、预留预埋分布）、板块地面排版设计、吊顶深化设计（吊筋布置、龙骨布置、排版布置）、装饰墙面深化设计、机电安装综合图等。可采用表格形式编制施工图深化设计计划，见表2-7。

表2-7　　　　　　　　　样板制作计划表

序号	分部工程名称	深化设计项目	出图时间	责任人

二、现场设施准备

现场准备应根据现场施工条件和工程实际需要，准备现场生产、生活等临时设施。施工设施包括生产性和生活性施工设施，包括"四通一平"（水通、电通、道路畅通、通信畅通和场地平整），应根据其规模和数量，考虑占地面积和建造费用，见表 2-8。

表 2-8 施工设施准备计划

序号	设施名称	种类	数量（或面积）	规模（或可存储量）	设施构造	完成时间	责任人

三、资金准备

资金准备应根据施工进度计划，与项目合约人员、成本管理员共同进行编制资金使用计划，见表 2-9。

表 2-9 资金使用计划

分项工程名称	工作量	工期安排	需要资金	资金到位时间

四、劳动力配置计划

按项目主要工种工程量，套用概（预）算定额或者有关资料，结合施工进度计划的安排，配置项目主要工种的劳动力，见表 2-10。

表 2-10 劳动力配置计划表

序号	专业工种	劳动量（工日）	需要量计划（工日）											责任人
			年					年						
			1	2	3	4	…	1	2	3	4	…		

五、施工物资配置计划

1. 原材料需要计划

主要指工程用水泥、钢筋、砂、石子、砖、石灰、防水材料等主要材料需要量计划，采用表的形式表示，见表2-11。

表2-11　　　　　　　　　原材料需要量计划表

序号	材料名称	规格	需要量		需要时间									责任人
			单位	数量	×月			×月			×月			
					1	2	3	1	2	3	1	2	3	

2. 成品、半成品需要计划

主要指混凝土预制构件、钢结构、门窗构件等成品、半成品，以及安装、装饰工程成品、半成品需要量计划，见表2-12。

表2-12　　　　　　　　成品、半成品需要量计划表

序号	成品、半成品名称	规格	需要量		需要时间									责任人
			单位	数量	×月			×月			×月			
					1	2	3	1	2	3	1	2	3	

3. 生产工艺设备需要计划

主要指构成工程实体的工艺设备、生产设备等，见表2-13。

表2-13　　　　　　　　生产工艺设备需要量计划表

序号	生产设备名称	型号	规格	电功率（kVA）	需要量（台）	进场时间	责任人

4. 施工工具需要计划

主要指模板、脚手架用钢管、扣件、脚手板等辅助施工用工具需要量计划，见表 2-14。

表 2-14　　　　　　　　施工工具需要量计划表

序号	施工工具名称	需用量	进场日期	出场日期	责任人

5. 施工机械、设备需要计划

主要指施工用大型机械设备、中小型施工工具等需要量计划，见表 2-15。

表 2-15　　　　　　　　施工机械、设备需要量计划表

序号	施工机具名称	型号	规格	电功率（kVA）	需要量（台）	使用时间	责任人

6. 测量设备需用计划

主要指本工程用于定位测量放线用的计量设备、现场试验用计量设备、质量检测设备、安全检测设备、进场材料计量用设备等，见表 2-16。

表 2-16　　　　　　　　测量设备需用量计划表

序号	测量设备名称	分类	数量	使用特征	确认间距	保管人

六、施工准备与资源配置计划编制

（1）单位工程施工组织设计的施工准备与资源配置计划，往往会与分部（分项）工程施工的作业准备工作相混淆。

（2）单位工程开工前的施工准备工作是在拟建工程正式开工前，所进行的带有全局性和总体性的施工准备，其目的是为单位工程正式开工创造必要的施工条件，确保工程能顺利开工、连续施工。

第三章

施工技术文件的编制与实施

一、施工组织设计的编制与实施

1. 施工组织设计的定义与属性

(1) 施工组织设计的类别。"施工组织设计"是我国在工程建设领域长期沿用下来的名称，国外一般称为施工计划或工程项目管理计划。《建设项目工程总承包管理规范》（GB/T 50358—2005）中，把施工单位这部分工作分成了两个阶段，即项目管理计划和项目实施计划。施工组织设计既不是这两个阶段的某一阶段内容，也不是两个阶段内容的简单合成，它是综合了施工组织设计在我国长期使用的惯例和各地方的实际使用效果而逐步积累的内容精华。

施工组织设计是以施工项目为对象编制的，用以指导施工的技术、经济和管理的综合性文件。按编制对象划分类别，可分为施工组织总设计、单位工程施工组织设计和施工方案。

(2) 施工组织总设计的定义与属性。

1) 定义。施工组织总设计是以若干单位工程组成的群体工程（含相应的市政工程和辅助设施）或特大型项目为主要对象编制的有关施工组织的综合性文件，对整个项目的施工过程起统筹规划、重点控制的作用。它涉及的范围较广，内容比较概况、粗略，重点包括规划全场性的施工准备、指导群体建筑的施工组织、协调各承包单位现场作业相互搭接，以及工期、验收衔接等关系。

2) 编制责任。施工组织设计应由项目负责人主持编制，可根据需要分阶段编制和审批。施工组织总设计应由总承包单位技术负责人审批。当工程由一个单位总承包施工时，自行负责编制施工组织总设计；当有多个承包单位施工时，则应由建设单位负责编制（也可委托一个承包单位负责编制）。

3) 应用属性。施工组织总设计主要是对于各单位工程或特大型项目的施工组织进行总体性指导、协调和阶段性目标控制与管理。

施工组织总设计还是编制单位工程施工组织设计的依据，同时也是编制年度（季度）施工计划的依据。

（3）单位工程施工组织设计的定义与属性。

1）定义。单位工程施工组织设计是以单位（子单位）工程为主要对象编制的施工组织设计，对单位（子单位）工程的施工过程起指导和制约作用，是组织单位工程施工全过程中各项生产技术、经济活动，控制质量、安全等各项目标的综合性管理文件。

2）编制责任。单位工程施工组织设计由项目负责人受企业法人代表委托，根据施工合同、国家法规、工程特点和企业条件而编制，直接具有实施和作业的特性，又常称之为实施性施工组织设计。单位工程施工组织设计应由施工单位技术负责人或技术负责人授权的技术人员审批。

3）应用属性。对于已经编制了施工组织总设计的项目，单位工程施工组织设计应是施工组织总设计的进一步具体化，直接指导单位工程的施工管理和技术经济活动。它的内容比施工组织总设计详细和具体，是施工单位编制月、旬施工计划的依据。

在实际工程建设中，通常是需要分期分批建设的大型、特大型工程项目编制施工组织总设计，为整个项目的施工阶段做出全局性的战略部署和通盘规划，为组织全项目性施工提供科学方案和实施步骤。而很多工程项目只需编制单位工程施工组织设计，即能满足指导工程项目施工的需要；或一个工程项目编制一项实施性施工组织设计文件与若干项施工方案，不对施工组织总设计与单位工程施工组织设计加以区分。

（4）施工方案的定义与属性。

1）定义。施工方案是以分部（分项）工程或专项工程为主要对象编制的施工技术与组织方案，用以具体指导其施工过程。

2）编制责任。施工方案应由项目技术负责人审批；重点、难点分部（分项）工程和专项工程施工方案应由施工单位技术部门组织相关专家评审，施工单位技术负责人批准。由专业承包单位施工的分部（分项）工程或专项工程的施工方案，应由专业承包单位技术负责人或技术负责人授权的技术人员审批；有总承包单位时，应由总承包单位项目技术负责人核准备案。

3）应用属性。施工方案也被称为分部（分项）工程或专项工程施工组织设计，但通常情况下，施工方案是施工组织设计的进一步细化，其内容比单位工程施工组织设计更为具体、详细，对工程的针对性强并突出作业性。

施工方案是直接指导施工作业的依据，也是施工组织设计的补充，施工组织设计的某些内容在施工方案中不需要再进行赘述。它主要是根据分部（分项）工程或专项工程的特点和具体要求对所需的人、料、机、工艺流程进行详细的安排，保证工程质量要求和安全文明施工的要求。同时它也是编制施工月、旬作业计划的依据。

（5）施工组织总设计、单位工程施工组织设计及施工方案之间的区别。施工组织总设计、单位工程施工组织设计及施工方案三者之间的区别，详见表3-1。

表3-1　　施工组织总设计、单位工程施工组织设计、施工方案区别

	施工组织总设计	单位工程施工组织设计	施工方案
编制人及所处管理层次不同	项目总经理或指挥部指挥长组织编制	单位工程项目经理组织	单位工程专业工程师、专业分包单位组织
交底对象不同	项目管理总部或指挥部管理人员及单位工程项目经理部管理领导	项目经理管理人员及分管单位管理领导	项目经理部相关管理人员及分包单位管理人员
编制内容不同	针对所有单位工程的总管理计划，提出对每个单位工程管理总要求——比较宏观	在总管理计划指导下针对某个单位工程的管理计划，单位工程管理的具体要求，提出其分部分项工程的管理总要求	在单位工程管理计划的指导下针对分部或分项工程的管理计划——较为细化的管理计划

2. 施工组织总设计编制管理要求

（1）施工组织总设计编制范围。施工组织总设计是以若干单位工程组成的群体工程或特大型项目为主要对象编制的，对整个项目的施工过程起统筹规划、重点控制的作用。在我国，大型房屋建筑工程标准一般指以下内容。

1）25层及以上的房屋建筑工程。

2）高度100m及以上的构筑物或建筑物工程。

3）单体建筑面积3万 m^2 及以上的房屋建筑工程。

4）单跨跨度30m及以上的房屋建筑工程。

5）建筑面积10万 m^2 及以上的住宅小区或建筑群体工程。

6）单项建设合同额1亿元及以上的房屋建筑工程。

但在实际操作中，具备上述规模的建筑工程很多只需编制单位工程施工组织

设计，而需要编制施工组织总设计的建筑工程，其规模应当是超过上述大型建筑工程的标准，通常需要分期分批建设，可称为特大型项目。

（2）施工组织总设计编制的基本原则。

1）满足工程施工和项目管理双重需要。在计划经济时期，施工组织设计的任务是满足施工准备和工程施工的需要。在全面推行工程项目管理以后，施工组织设计还要满足项目管理的需要，担负项目管理规划的作用。因此，编制施工组织设计就必须扩展内容，突出目标管理、组织结构设计、合同管理、风险管理规划、沟通管理、管理措施等项目管理内容，执行《建设工程项目管理规范》（GB/T 50326—2006）的相关要求。

2）严格遵守工期定额和合同规定的工程竣工及交付使用期限。总工期较长的大型建设项目，应根据生产的需要，安排分期分批建设，配套投产或交付使用，从实质上缩短工期，尽早地发挥国家建设投资的经济效益。

在确定分期分批施工的项目时，必须注意使每期交工的一套项目可以独立地发挥效用，使主要的项目同有关的附属辅助项目同时完工，以便完工后可以立即交付使用。

3）合理安排施工程序与顺序。建筑施工有其本身的客观规律，按照反映这种规律的程序组织施工，能够保证各项施工活动相互促进、紧密衔接，避免不必要的重复工作，加快施工速度，缩短工期。

建筑施工特点之一是建筑产品的固定性，因而使建筑施工的活动必须在同一场地上进行。这样，没有前一阶段的工作，后一阶段就不可能进行，即使它们之间交错搭接地进行，也必须严格遵守一定的顺序。顺序反映客观规律要求，交叉则体现争取时间的主观努力。因此，在编制施工组织设计时，必须合理地安排施工程序。

虽然建筑施工程序会随工程性质、施工条件和使用要求而有所不同，但还是能够找出可以遵循的共同性规律。

在安排施工程序时，通常应当考虑以下几点：①要及时完成有关的施工准备工作，为正式施工创造良好条件。准备工作视施工需要，可以一次完成或是分期完成；②正式施工时应该先完成平整场地、铺设管网、修筑道路等全场性工程及可供施工使用的永久性建筑物，然后再进行各个工程项目的施工。在正式施工之初完成这些工程，有利于利用永久性管线与道路为施工服务，从而减少暂设工程，节约投资，并便于现场平面管理。在安排管线道路施工程序时，一般宜先场外，后场内，场外由远而近，先主干，后分支；地下工程要先深后浅，排水要先下游、后上游；③对于单个房屋和构筑物的施工顺序，既要考虑空间顺序，也要考虑工种之间的顺序。空间顺序是解决施工流向的问题，它必须根据生产需要、缩短工期和保证工程质量的要求来决定。工种顺序是解决时间上搭接的问题，必须保证质量，工种之间互相创造条件，充分利用工作面，争取时间。

4）用流水施工法和工程网络计划技术安排进度计划。采用流水施工法组织施工，以保证施工连续地、均衡地、有节奏地进行，合理地使用人力、物力和财力，好、快、省、安全地完成建设任务。

5）恰当地安排冬雨期施工项目。对于那些必须进入冬雨期施工的工程，应落实季节性施工措施，以增加全年的施工日数，提高施工的连续性和均衡性。

6）新技术应用及促进技术发展应注意：①贯彻多层次结构的技术政策，因时、因地制宜地促进技术进步和建筑工业化的发展；②要贯彻工厂预制、现场预制和现场浇筑相结合的方针，选择最恰当的预制装配方案或机械化现场浇筑方案，不能盲目追求装配化程度的提高；③贯彻先进机械、简易机械和改良机具相结合的方针，恰当选择自行装备、租赁机械或机械化分包施工等多方式施工，不能片面强调机械化程度指标的提高；④积极采用新材料、新工艺、新设备与新技术，努力为新结构的推行创造条件；⑤促进技术进步和发展工业化施工要结合工程特点和现场条件，使技术的先进性、适用性和经济合理性相结合，防止单纯追求先进而忽视经济效益的形式主义做法。

7）资源合理应用应注意：①从实际出发，做好人力、物力的综合平衡，组织均衡施工；②尽量利用正式工程、原有或就近已有设施，以减少各种暂设工程；尽量利用当地资源，合理安排运输、装卸与储存作业，减少物资运输量，避免二次搬运；精心进行场地规划布置，节约施工用地，不占或少占农田，防止施工事故，做到文明施工。

8）实施目标管理。施工组织设计的编制应当实行目标管理原则。施工组织总设计的目的是实现合同目标，故以合同目标为准安排项目经理部的控制目标。编制施工组织设计的过程，也就是提出施工项目目标及其实现办法的规划过程。因此，必须遵循目标管理的原则，使目标分解得当，决策科学，实施有道。

（3）施工组织总设计的编制步骤。施工组织总设计的编制步骤，如图3-1所示。

（4）施工组织总设计编制依据。

1）施工组织设计编制的具体依据。施工组织总设计是针对多个单位工程而编制，各单位工程开竣工时间和施工空间可能不尽相同，编制施工组织总设计应

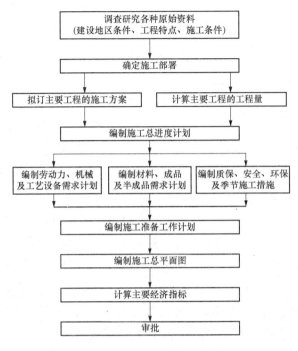

图 3-1 施工组织设计实施框图

依据施工合同、施工组织纲要、设计文件以及该建设项目所处地区近年来的气象、水文地质条件和整个建设项目的供水、供电、交通等情况进行编制。具体为：①招标文件、投标文件及合同文件、建设单位对该工程项目的有关要求；②各种勘察设计文件资料，包括设计图纸和各类勘察资料及设计说明等资料：建筑总平面图、地形地貌图、区域规划图、建筑项目范围内有关的一切已建和拟建的各种设施位置图及图纸会审资料；③预算文件提供的工程量和预算成本数据；④国家相关技术规范、标准、技术规程、建筑法规及规章制度，行业规程及企业的技术资料。施工所在地的地方规定及政府文件；⑤施工企业质量体系标准文件。企业技术力量和机械设备情况；⑥建设项目的建筑概况、施工部署和拟建主要工程施工方案、施工进度计划，以便了解各施工段情况，合理规划施工场地；⑦各种建筑材料、构件、加工品、施工机械和运输工具需要量一览表，以便规划工地内部的储放场地和运输线路；⑧各构件加工厂规模、仓库及其他临时设施的数量及有关参数；⑨建设地区的自然条件和技术经济条件。

2）编制依据编写的细节把握应注意：①应着重说明主要的编制依据，编制依据应具体、充分、可靠。其内容在编写形式上可以做成表格的形式。编制依据要求内容完整、正确，不要出现错误和遗漏；②工程承包合同：应按合同上的名称、编号和签约日期，照抄照搬到表格中；③施工图纸：施工图纸应分为建筑、结构及其他专业，如：图纸编号应写成"结×～结×"形式。填写的各类图纸必须齐全、有效，使编制依据充分、可靠。对有关图纸资料未及时到位的情况也应特别加以说明；④法律法规、标准规范、图集：a. 整体顺序应按"国家→行业→地方→企业"层次进行编排；具体编制依据按照"法规→规范→规程→规定→图集→标准"顺序编排内容。法律、法规、规范、规程、标准、地方标准图集等必须是"现行、有效"的，不能使用过时作废的作为依据。在编写时，一定要写上法律法规、标准规范的编号；b. 必须分类别把所引用的法规写清楚，类别上不能错，名称要写全称，编号或文号应准确无误，且必须现行有效。法律法规包括：建筑法、安全法、环境保护法、质量管理条例、安全生产管理条例等，以及地方上颁布的强制执行的技术、管理文件，有关安全生产、文明施工等文件；c. 主要标准、规范、规程必须分类别把所引用的规范、规程写清楚，名称要写全称，编号应准确无误，且必须是最新有效版本。应包括土建、水、电安装、设备专业等有关的规范与规程；d. 主要图集必须分类别把所引用的图集写清楚，名称要写全称，编号应准确无误，且必须现行有效。包括土建、水、电及设备专业等有关图集；e. 其他：是指前六项以外的无法包括的内容，如建筑业十项新技术应用（2005）、建设单位提供的有关信息（如施工条件、施工现场勘察资料、有关工程条例）、设计变更、洽商、施工组织纲要、施工组织总设计、企业贯标等管理文件，可以放在本项描述；⑤通常情况下，对编制依据只做简要说明，但当采用的企业标准与国家或行业规范、标准不一致时，应重点说明。

（5）施工组织总设计编制内容。

1）工程概况。工程概况应包括项目主要情况和项目主要施工条件等。

2）总体施工部署。结合工程的特点，阐述建设单位或承包单位在该项目实施过程中实现其预期目标的主导思想。

3）施工总进度计划。施工工总进度计划应依据施工合同、施工进度目标、有关技术经济资料，按照总体施工部署确定的施工顺序和空间组织等进行编制。应包含各单位工程进度计划及分阶段验收安排、项目室外工程施工时间安排以及项目分阶段竣工验收时间安排。

4）总体施工准备与资源配置计划。总体施工准备应包括技术准备、现场准备和资金准备等。主要资源配置计划包括劳动力配置计划和物资配置计划等。

5）主要施工方法。施工组织总设计应对项目涉及的单位（子单位）工程和主要分部（分项）工程所采用的施工方法进行简要说明。

6）施工总平面布置。施工总平面是用来表示合理利用整个施工现场的周密规划和布置，是按照施工部署、施工方案和施工总进度的要求，将施工现场的道路交通、材料仓库或堆场、附属企业或加工厂、临时房屋、临时水电动力管线等的合理布置，以图纸形式表现出来，从而正确处理全工地施工期间所需各项设施和永久建筑、拟建工程之间的空间关系，以指导现场进行有组织有计划的施工。

7）质量管理计划。质量计划是指确定施工项目的质量目标和如何达到这些质量目标所规定必要的作业过程、专门的质量措施和资源等工作。

8）安全管理计划。安全管理计划是针对工程项目的规模、结构、环境、技术方案、施工风险和资源配置等因素进行安全生产策划。

9）环境管理计划。各项目于工程开工前，在评价重要环境因素的基础上，编制本项目的环境管理方案或计划。同时负责组织落实经批准的项目环境管理方案或计划。

10）成本管理计划。施工项目成本计划是以货币形式预先规定施工项目进行中的施工生产耗费的水平，确定对比项目总投资（或中标额）应实现的计划成本降低额与降低率，提出保证成本计划实施的主要措施方案。

施工项目成本计划的具体内容包括：编制说明，成本计划指标，成本计划汇总表。

11）其他管理计划。包括项目施工风险总防范计划、项目信息管理规划等。

3. 单位工程施工组织设计编制管理要求

单位工程施工组织设计是以单个建筑物，如一栋工业厂房、构筑物、公共建筑、民用房屋等为对象编制的，用于指导组织现场施工的文件。如果单位工程是属于建筑群中的一个单体的组成部分，则单位工程施工组织设计也是施工组织总设计的具体化。

（1）单位工程施工组织设计编制有以下原则。

1）做好现场工程技术资料的调查工作。

2）合理安排施工程序。

3）采用先进的施工技术和施工组织手段。

4）土建施工与设备安装应密切配合。

5）确保工程质量和施工安全。

6）特殊时期的施工方案。

7）节约费用和降低工程成本。

8）环境保护。

（2）单位工程施工组织设计编制有以下程序。

1）熟悉施工图，会审施工图，到现场进行实地调查并搜集有关施工资料。

2）计算工程量，注意必须要按分部分项和分层分段分别计算。

3）拟订该项目的组织机构以及项目的施工方式。

4）拟订施工方案，进行技术经济比较并选择最优施工方案。

5）分析拟采用的新技术、新材料、新工艺的措施和方法。

6）编制施工进度计划，进行方案比较，选择最优方案。

7）根据施工进度计划和实际条件编制下列计划：原材料、预制构件、门窗等的需用量计划；列表做出项目采购计划；施工机械及机具设备需用计划；总劳动力及各专业劳动力需用量计划。

8）计算施工及生活用的临时建筑数量和面积，如材料仓库及堆场面积、工地办公室及临时工棚面积。

9）计算和设计施工临时用水、供电、供气的用量，加压泵等的规格和型号。

10）拟订材料运输方案和制定供应计划。

11）布置施工平面图，进行方案比较，选择最优施工平面方案。

12）拟订保证工程质量措施、降低工程成本措施及确保冬雨期施工安全和防火措施。

13）拟订施工期间的环境保护措施和降低噪声、避免扰民等措施。

（3）单位工程施工组织设计编制有以下内容。

1）工程概况。单位工程概况一般包括：工程主要情况（或工程建设概况）、建筑设计概况、结构设计概况、机电及设备安装专业设计概况、工程施工条件、其他内容等。

2）施工部署。单位工程施工部署是施工组织设计的纲领性内容，施工进度计划、施工准备与资源配置计划、施工方法、施工现场平面布置和主要施工管理计划等施工组织设计的组成内容，都应该围绕施工部署确定的原则进行编制。

3）施工进度计划。单位工程施工进度计划是在确定了施工部署和施工方法的基础上，根据合同规定的工期、工程量和投入的资金、劳动力等各种资源供应条件，遵循工程的施工顺序，用图表的形式表示各分部分项工程搭接关系及工程开竣工时间的一种计划安排。主要突出施工总工期及完成各主要施工阶段的控制日期。

4）施工准备与资源配置计划。施工准备和资源配置是为拟建工程的施工创造必要的技术、物质条件，是完成单位工程施工任务的首要条件，是为工程早日开工和顺利进行所必须做的一些工作。

5）主要施工方案。单位工程应按照《建筑工程施工质量验收统一标准》（GB 50300—2013）中分部、分项工程的划分原则，对主要分部、分项工程制定施工方案。

6）施工现场平面布置。单位工程施工现场平面布置图应参照施工总平面布置的规定，结合施工组织总设计，按不同施工阶段（一般按地基基础、主体结构、装修装饰和机电设备安装三个阶段）分别绘制。

7）进度管理计划。施工进度管理计划是保证实现单位工程项目施工进度目标的管理计划，包括对进度及其偏差进行测量、分析、采取必要的措施和计划变更等。施工进度计划的实现离不开管理上和技术上的具体措施。另外，在工程施工进度计划执行过程中，由于各方面条件的变化，经常使实际进度脱离原计划，这就需要施工管理者随时掌握工程施工进度，检查和分析进度计划的实施情况，及时进行必要的调整，保证施工进度总目标的完成。

8）质量管理计划。单位工程施工质量管理计划主要包括：工程施工质量目标及其目标分解。建立项目质量管理的组织机构并明确职责。制定技术保障和资源保障措施。

9）安全管理计划。建筑施工安全事故（危害）通常分为七大类：高处坠落、机械伤害、物体打击、坍塌倒塌、火灾爆炸、触电、窒息中毒。安全管理计划应针对项目具体情况，建立安全管理组织，制定相应的管理目标、管理制度、管理控制措施和应急预案等。

10）环境管理计划。环境管理计划内容包括：确定项目重要环境因素，制定项目环境管理目标。建立项目环境管理的组织机构并明确职责，根据项目特点确定环境保护资源，制定现场环境保护的控制措施，建立现场环境检查制度，并对环境事故的处理做出相应规定。

11）成本管理计划。根据项目施工预算，制定项目施工成本目标；根据施工进度计划，对项目施工成本目标进行阶段分解；建立施工成本管理的组织机构并明确职责，制定相应管理制度；采取合理的技术、组织和合同等措施，控制施工成本；确定科学的成本分析方法，制订必要的纠偏措施和风险控制措施。

12）其他管理计划。根据工程所处位置、合同要求等情况，管理计划可增设，如：绿色施工管理计划、防火保安管理计划、合同管理计划、总承包管理计划、创××奖管理计划、质量保修管理计划、施工平面布置管理计划、成品保护计划、CI 管理计划等。

4. 施工组织设计编制与审批、实施管理

（1）施工组织设计编制、审批和实施管理流程如下：施工组织设计编制策划→施组编制讨论→施组编制→施组会审→施组审核→施组修改→施组审批→施组报监理审批→施组交底→施组实施→施组实施中检查、调整→施组调整后重新审批和报监理审批→施组继续实施至完成→施组实施总结。

（2）施工组织设计编制、审批管理。施工组织设计要由编制人、审批人签字，未经审批不得实施。施工组织设计应在工程开工之前进行编制，并做好审批工作。

1）施工组织设计的编制。施工组织设计的编制，原则上由组织工程实施的单位负责：①施工组织总设计、单位工程施工组织设计的编制，应坚持"谁负责项目的实施，谁组织编制"的原则。即由项目经理主持和组织，项目技术负责人负责编制，项目部相关职能部门提供与编制有关的资料，项目技术负责人召集项目部相关人员根据项目经理的意图编写，形成初稿，并组织参与编制的相关部门对初稿进行讨论，最后由项目经理批准定稿，报上一级部门审批；②对于规模大、工艺复杂的工程、群体工程或分期出图的工程，可分阶段编制和报批。

2）施工组织设计的审批：①施工组织设计编制和审批工作实行分级管理。施工组织设计实行会签制度，同级相关部门负责审核和会签。负责施工组织设计审批工作的人员应相对固定。审批者和审批部门应了解工程的实际情况，保证审批意见具有指导性、可靠性；②施工组织设计编制完成后，项目部各部门参与编制的有关人员在《施工组织设计会签表》上签字，再由项目经理审核后在会签表上签署意见并签字。签字齐全后上报施工单位相关部门审批。先由施工单位技术部门组织同级相关部门对施工组织设计进行讨论，将讨论意见签署在《施工组织设计审批会签表》上，然后由施工单位技术负责人或技术负责人授权的专业技术负责人审批，将审批意见签于《施工组织设计审批表》上，签章后行文下发至项目部，最后由项目部向监理报批；③施工组织设计在执行过程中，发生以下情况之一时，原施工组织设计难以实施，应由原编制单位及时修改、补充，同时需重新履行审核、审批、报批程序。a. 工程设计有重大修改；b. 有关法律、法规、规范和标准实施、修订和废止；c. 主要施工方法有重大调整；d. 主要施工资源配置有重大调整；e. 施工环境有重大改变。

（3）施工组织设计的贯彻和执行。编制施工组织设计，只是施工组织的静态计划过程，为建设项目的顺利进行提供了一种可能性，也仅仅是组织施工的一项准备工作，要真正发挥施工组织设计的施工指导作用，更重要的是在施工中切实贯彻执行。施工组织设计经批准后，即成为进行施工准备和组织整个施工活动的技术、经济和管理的文件，必须严肃对待。

贯彻实施施工组织设计，是施工组织的动态过程，施工组织设计在贯彻执行过程中，应进行动态管理、跟踪管理，根据现场施工的情况变化及时调整、报审。为保证施工组织设计的顺利贯彻执行，必须做好以下工作。

1）做好施工组织设计交底工作：①经审批的施工组织设计，必须及时贯彻，在工程开工前可采用交底会、书面交底等形式，由企业或项目部组织相关人员进行施工组织设计交底；②施工组织总设计及大型、重点工程的施工组织设计由施工总承包单位总工程师组织各施工单位及分包单位参加交底会，由负责编制的部门进行交底，交底过程应有记录，并填写《施工组织设计交底记录表》；③单位工程施工组织设计，由项目技术负责人组织各有关部门和专业管理人员参加交底会，由编制人进行交底，交底过程应有记录，并填写《施工组织设计交底记录表》；④施工组织设计经交底后，各专业要分别组织学习，按分工及要求落实责任范围。

2）制定有关贯彻施工组织设计的各项管理制度。施工组织设计贯彻的顺利与否，主要在于施工企业各项管理制度是否健全。实践经验证明：凡重视和健全企业管理制度，并且严格执行的，就能保证施工组织设计的顺利实施，就能维持正常的施工生产秩序，工程质量、安全和经济效益也会得到保证；反之，就会影响到施工组织设计的顺利实施，最终影响工程目标的实现。

3）切实做好施工准备工作，不打无准备之仗。"运筹帷幄之中，决胜千里之外"，这是人们对战略准备和战术决胜的科学概括，工程施工也不例外，施工准备工作的好坏，将直接影响施工是否均衡和连续，也影响施工组织设计是否得到顺利地贯彻执行，最终影响建筑产品的生产全过程。因此，不仅要在拟建工程项目开工之前做好一切人力、物力和财力的准备，而且在施工过程中的不同阶段也要做好相应的施工准备工作，从而保证施工组织设计及时得到贯彻执行，这样施工才能有条不紊地进行。

4）推行技术经济承包责任制。为了更好地贯彻施工组织设计，应推行技术经济承包制度，把技术经济责任同员工的经济利益结合起来，便于相互监督、相互约束，调动管理人员和职工的积极性，这是贯彻施工组织设计的重要措施之一。在推行技术经济承包责任制的形式方面，主要采取实行材料节约奖、技术进步奖、工期提前奖等措施。

5）统筹安排，综合平衡。工程开工后，要根据施工组织设计的要求，做好人力、物力和财力的统筹安排，保持均衡、有节奏地施工。在具体实施施工组织设计中，要通过月、旬作业计划，及时分析各种不均衡因素，综合多方面的施工条件，不断进行各专业、各工种间的综合平衡，进一步完善和调整施工组织设计，真正保证工程施工的节奏性、均衡性和连续性。

（4）施工组织设计的检查与调整。在施工过程中，由于受到各种因素的影响，对施工组织设计的贯彻执行会发生一定的变化。因此，施工组织设计的检查与调整是一项经常性的工作，必须根据工程实际情况，加强反馈，随时决策，及时调整，不断反复地进行，以适应新的情况的变化，并使其贯穿于整个施工过程的始终。具体应做好以下工作。

1）在施工组织设计的实施过程中，由审批单位或部门对施工组织设计的实施情况进行检查，并记录检查结果。检查可按工程施工阶段进行。检查内容包括：施工部署、施工方法的落实情况和执行情况，具体涉及生产、技术、质量、安全、成本费用和施工平面布置等方面，并把检查的结果填写到《施工组织设计中间检查记录表》中。

特别提示：施工组织设计的检查不能代替质量、安全、消防等方面的专项检查验收。

2）中间检查的次数和检查时间，可根据工程规模大小、技术复杂程度和施工组织设计的实施情况等因素由施工单位自行确定。通常情况下，中间检查主持人由承包单位技术负责人或相关部门负责人组成，参加人为承包单位相关部门负责人、项目经理部各有关人员。

3）当施工组织设计在执行过程中不能有效地指导施工或某项工艺发生变化时，应及时调整施工组织设计，根据检查发现的问题及其产生的原因，拟定改进措施或方案，对其相关部分进行调整，使其适应变化的需要，达到新的平衡。

4）修改方案由原编制单位编制，报原审批部门同意签字后实施，并填写到《施工组织设计修改记录表》中。

（5）施工组织设计编制、实施过程中必须体现其权威性和严肃性。

1）未经审批或审批手续不全的施工组织设计，视为无效。

2）工程开工前必须按编制分工逐级向下进行施工组织设计交底，同时进行对有关部门和专业人员的横向交底，并应有相应的交底记录。

3）加强实施全过程控制，分别对基础施工、结构施工和装修三个阶段，进行施工组织设计实施情况的中间检查，并有记录。

4）施工组织设计一经批准，必须严格执行。实施过程中，任何部门和个人，都不得擅自改变，凡属施工组织设计内容变更和调整的，应根据变化情况修改或补充，报原审批人批准后方可执行，以确保文件的严肃性及施工指导作用的连续性。

5）施工组织设计必须在相关的管理层贯彻执行，必须落实到相关岗位。在实施过程中文件有调整变更时，必须对原文进行修改或附有修改依据资料。确保贯彻执行的严肃性和文件资料真实、齐全。

（6）施工组织设计文件管理。

1）施工组织设计及其变更通知的发放，应按清单控制发放到相关领导、部门和主要责任人。报施工单位论证或备案的施工组织设计，由技术部门转发相关部门。

2）经监理批准的施工组织设计，将是整个工程施工活动的依据，也是日后工程付款、结算和索赔的主要依据之一，并作为工程竣工档案材料，项目部应做好妥善保管工作。

3）施工组织设计的归档和管理可按行业或地方有关建筑工程资料管理的标准和要求执行。

（7）施工组织设计的编制管理符合法规要求。建筑工程施工组织设计的编制与管理，还应符合国家现行有关法律、标准、文件的规定。

1）国家法律。《建筑法》《招投标法》《合同法》《环境保护法》《城市规划法》《行政诉讼法》《城市房地产管理法》《水污染防治法》《节约能源法》《土地管理法》《环境噪声污染防治法》《产品质量法》《担保法》《仲裁法》《大气污染防治法》等。

2）行政法规。《化学危险物品安全管理条例》《特别重大事故和调查程序暂行规定》《城市拆迁管理条例》《中华人民共和国测量标志保护条例》《企业职工伤亡事故报告和处理规定》《城市房地产开发经营管理条例》《建设项目环境管理保护条例》《建设工程质量管理条例》《建设工程勘察设计管理条例》《国务院关于特大安全事故行政追究的规定》等。

3）部门规章。《建筑安全生产监督管理条例》《建筑工程施工现场管理规定》《工程建设国家标准管理办法》《房屋建筑工程质量保修办法》《实施工程建设强制性标准监督规定》《建设领域推广新技术管理规定》《建设工程勘察质量管理规定》《建筑工程质量检测管理办法》等。

（8）施工组织设计的动态管理。

1）补充与修改。施工组织设计动态管理的内容之一，就是对施工组织设计的修改或补充：①当工程设计图纸发生重大修改时，如地基基础或主体结构的形式发生变化、装修材料或做法发生重大变化、机电设备系统发生大的调整等，需要对施工组织设计进行修改。对工程设计图纸的一般性修改，视变化情况对施工组织设计进行补充；对工程设计图纸的细微修改或更正，施工组织设计则不需调整；②当有关法律、法规、规范和标准开始实施或发生变更，并涉及工程的实施、检查或验收时，施工组织设计需要进行修改或补充；③由于主客观条件的变化，施工方法有重大变更，原来的施工组织设计已不能正确地指导施工，需对施工组织设计进行修改或补充；④当施工资源的配置有重大变更，并且影响到施工方法的变化或对施工进度、质量、安全、环境、造价等造成潜在的重大影响，需对施工组织设计进行修改或补充；⑤当施工环境发生重大改变，如施工延期造成季节性施工方法变化，施工场地变化造成现场布置和施工方式改变等，致使原来的施工组织设计已不能正确地指导施工，需对施工组织设计进行修改或补充。

2）审批。经修改或补充的施工组织设计应重新按照审批管理程序，审批后实施。

3）交底与执行。项目施工前，应进行施工组织设计逐级交底；项目施工过程中，应对施工组织设计的执行情况进行检查、分析并适时调整，如图 3-2 所示。

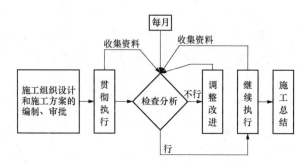

图 3-2 施工组织设计实施框图

二、施工方案的编制与实施

1. 施工方案类别

（1）施工方案内容范围。施工方案是施工组织方案和施工技术方案的总称。

1）施工组织方案主要是确定施工程序、施工段的划分、施工流向、施工顺序及劳动组织安排等。

2）施工技术方案主要是选择确定施工方法、施工工艺、施工机械及采取的技术措施等。

（2）施工方案按工程情况分。按工程承包、分包不同，施工方案有两种情况。

1）专业承包公司独立承包项目中的分部（分项）工程或专项工程所编制的施工方案。

2）作为单位工程施工组织设计的补充，由总承包单位编制的分部（分项）工程或专项工程施工方案。

2. 施工方案的编制要求与计划

（1）施工方案编制要求。施工方案应由项目技术负责人审批；重点、难点分部（分项）工程和专项工程施工方案应由施工单位技术部门组织相关专家评审，施工单位技术负责人批准。由专业承包单位施工的分部（分项）工程或专项工程的施工方案，应由专业承包单位技术负责人或技术负责人授权的技术人员审批；有总承包单位时，应由总承包单位项目技术负责人核准备案。

（2）施工方案编制计划。主要分部（分项）工程和专项工程在施工前应单独编制施工方案。施工方案可根据工程进展情况，分阶段编制完成。需要编制单位（项）工程施工方案的包括分部分项工程、特殊工程、关键与特殊过程、特殊施工时期（冬季、雨季和高温季节）、结构复杂、施工难度大、专业性强的项目（建设部建质〔2009〕87号文规定）、规范标准规定、地方及业主规定、企业内控要求所规定的项目。对需要编制的主要施工方案应制订编制计划。

3. 施工方案的基本结构

（1）分项工程概况。

1）项目名称、参建单位相关情况。

2）建筑、结构等概况及设计要求。

3）工期、质量、安全、环境等合同要求。

4）施工条件。

（2）施工安排。

1）确定进度、质量、安全、环境和成本等目标。

2）确定项目管理小组或人员以及确定劳务队伍。

3）确定施工流水段和施工顺序。

4）确定施工机械。

5）确定施工物质的采购：建筑材料、预制加工品、施工机具、生产工艺设备等需用量、供应商。

6）分析重点和难点，并提出主要技术措施。

（3）施工进度计划。根据工艺流程顺序，编制详细的进度，以横道图方式表示，也可采用网络图形式表示。

（4）施工准备与资源配置计划。基本同单位工程施工组织设计的要求，注意施工方案中应该更具体，更缜密。

（5）施工方法及工艺要求。

1）明确施工方法与施工工艺要求。

2）明确各环节的施工要点和注意事项等。

3）"四新"技术应用计划。

4）季节性施工措施。

（6）主要施工管理计划。包括进度管理计划、质量管理计划、安全管理计划、环境管理计划、成本管理计划、消防保卫管理计划等，基本同施工组织设计的要求。

4. 施工方案的实施管理

建筑工程施工方案是工程施工重要的技术指导性文件，应加强对施工方案的管理工作，统一施工方案的编制内容、标准和要求，明确施工方案的编制、审核、审批程序。

（1）施工方案的分类管理。施工方案是针对工程项目中的主要分部分项工程、重要部位、关键工序或"四新"技术等单独策划的一整套施工方法，包括相应的施工安排、施工准备、技术措施、质量要求、安全环保措施，以保证工程在满足安全、质量、进度及经济合理等指标的情况下顺利进行。对施工方案进行分类管理，明确各类施工方案在工程中的不同重要程度，以加强其编制、审批及论证等管理工作。

1）高危方案。超过一定规模的危险性较大的分部分项工程施工方案（简称"高危方案"），如开挖深度超过5m（含5m）的基坑（槽）的土方开挖支护降水工程、搭设高度50m及以上落地式钢管脚手架工程等。

2）危险方案。危险性较大的分部分项工程施工方案（简称"危险方案"），如搭设高度24m及以上的落地式钢管脚手架工程、钢结构网架和索膜结构安装工程等。

3）关键方案。特殊过程或关键的分部分项工程施工方案（简称"关键方案"），如混凝土工程、钢筋工程等。

4）一般方案。一般的分部（分项）工程施工方案（简称"一般方案"），如土方回填、成品保护等。

（2）施工方案的管理职责界定。

1）项目经理部。项目经理部负责本工程施工方案的编制和动态管理。开工前对施工方案进行交底，对施工方案的修改，留存修改记录、审批记录，保证施工方案与现场实施的一致性；负责监督检查分包单位施工方案的编制、报审及实施情况。

2）分、子公司技术部。分、子公司技术部门负责本公司施工方案的管理工作，负责依据集团公司相关文件，制定本公司业务范围内施工方案管理办法；负责审核本公司的施工方案；负责监督、检查本公司施工方案的实施情况。

3）总（集团）公司技术部。总（集团）公司技术部门负责施工方案的管理工作，制定相关的管理文件；负责监督施工方案的实施情况；负责组织施工方案编制方法的交流、培训及先进经验的推广。

（3）施工方案编制工作要求。

1）时间要求。高危方案、危险方案和关键方案应在分项工程开工前10日完成编制工作；一般方案应在分项工程开工前7日完成编制工作。

2）准备工作要求。施工方案编制前，应认真、周密地进行调查研究，综合考虑工程现场条件、设计资料中的建筑工程特征和工期、工程的招投标文件、施工合同以及施工能力、经济状况、保障能力等因素，在确保施工安全、工程质量、计划工期的前提下，保证工程施工的有序进行。

3）资源准备要求。确定分项工程开工前必须完成的人、机、料、法、环各项准备工作，进行有计划、有组织、有步骤、有目的的施工准备。合理计算、计划各种物质资源和劳动力资源的需求量。

4）施工方法及机械要求。从施工的全局出发，结合现有资源，确定科学、经济、安全合理的施工方法，做好合理的施工布置，选择经济适用的施工机具，保证施工设施、设备和人身安全可靠。

5）工序及工期要求。合理安排施工程序、施工步骤以及各工序的工作时间，配备与工程相适应的资源，确定合理施工进度计划，确保工程按约定工期完成。

（4）施工方案的审核、审批流程管理。

1）编制时间及审核：①工程项目部进场7日内，应编制施工方案编制清单，报分、子公司，经分、子公司审核后，报总（集团）公司技术部门备案；②施工方案应在分项工程开工前 3 日内完成审批工作。

2）方案论证、审批：①一般的高危方案：分、子公司组织进行专家论证通过后，由总（集团）公司任命的分、子公司总工程师（技术负责人）负责审定、审批；②重大或特殊分部分项工程的高危方案：经分、子公司组织专家论证通过并经分、子公司总工程师（技术负责人）审定后，报总（集团）公司技术质量部，由总（集团）公司总工程师负责审批；③危险方案、关键方案：由项目经理部总工程师审核后，报分、子公司总工程师（技术负责人）负责审批；④一般方案：由项目经理部总工程师负责审批。

（5）施工方案的实施与动态管理。

1）审批与执行：①施工方案完成总（集团）公司内部的审批，及时报监理或建设单位进行审批通过后，方可实施。②施工方案经过审批后，应严格遵照执行。现场的施工必须按照施工方案的要求进行，与施工方案保持一致。

2）修改与审批执行。施工方案的执行过程中，由于建设单位要求、设计变更、施工现场条件变化等原因，导致施工方法发生变化的，必须对施工方案的有关内容进行修改，留存修改记录：①局部非重要性修改，由项目经理部总工程师审核、审批；②对于施工方法的重大修改要重新履行报审手续；③由于建设单位要求、设计变化等因素，造成施工方案有本质变化的，要重新编制、履行申报手续。

（6）施工方案编制、管理、审核审批。分部（分项）工程及专项工程施工方案编制、管理、审核审批，参见表 3-2 和表 3-3。

表 3-2　分部（分项）工程施工方案编制、分类管理及审核审批权限表

分部工程	分部（分项）工程施工方案名称	管理类别	审核审批权限				
			项目总工程师	分(子)公司总工程师	总(集团)公司技术部门	专家组	总(集团)公司总工程师或授权人
地基与基础工程	基坑降水	危险	○	●			
	土方开挖（深度≥5m）	高危		○	○	○	●
	土方开挖（3m≤深度<5m）	危险	○	●			
	土方开挖（深度<3m）	关键	○	●			
	地基处理	危险	○	●			
	基坑支护（深度<3m）	关键	○	●			
	基坑支护（3m≤深度<5m）	危险	○	●			

分部工程	分部（分项）工程施工方案名称	管理类别	审核审批权限				
			项目总工程师	分(子)公司总工程师	总（集团）公司技术部门	专家组	总（集团）公司总工程师或授权人
地基与基础工程	深基坑工程（深度≥5m）和基坑深度＜5m但地质条件复杂基坑	高危		○	○	○	●
	人工挖孔桩（深度超过16m）	高危		○	○	○	●
	地下防水	关键	○	●			
	土方回填	一般	●				
主体结构工程	大体积混凝土施工	关键	○	●			
	模板及其支撑工程	危险	○	●			
	高大模板及支撑工程	高危		○	○	○	●
	钢筋工程	关键	○	●			
	混凝土工程	关键	○	●			
	起重吊装及安装拆卸工程	危险/关键	○	●			
	起重吊装及安装拆卸工程（非常规单件≥100kN或起重量≥300kN或高度≥200m）	高危		○	○	○	●
	钢结构安装	危险	○	●			
	钢结构安装（跨度＞36m）	高危		○	○	○	●
	网架和索膜结构安装	危险	○	●			
	网架和索膜结构安装（跨度＞60m）	高危		○	○	○	●
	预应力工程	危险	○	●			
	砌体结构工程	关键	○	●			
	结构加固改造工程	关键	○	●			
装修、屋面工程	装饰装修工程	关键	○	●			
	建筑幕墙安装工程（高度＜50m）	危险	○	●			
	建筑幕墙安装工程（高度≥50m）	高危		○	○	○	●
	屋面工程	关键	○	●			
设备安装	给水排水及采暖、通风空调工程	关键	○	●			
	建筑电气工程、智能建筑工程	关键	○	●			

表 3-3　　　　专项工程施工方案编制、分类管理及审核审批权限表

专项工程施工方案名称	管理类别	审核审批权限				
		项目总工程师	分(子)公司总工程师	总(集团)公司技术部门	专家组	总(集团)公司总工程师或授权人
其他 临时设施	一般	●				
临时用电	危险	○	●			
临时用水	一般	●				
测量施工	关键	○	●			
试验方案	关键	○	●			
内业资料规划	一般	●				
24m 以内落地式脚手架	关键	○	●			
高危脚手架	高危		○	○	○	●
脚手架工程（其他）	危险	○	●			
房屋爆破拆除	高危		○	○	○	●
塔吊	危险	○	●			
室外电梯	危险	○	●			
提升架	危险	○	●			
吊篮、出料平台	危险	○	●			
其他特种机械吊装	危险	○	●			
冬期施工	关键	○	●			
雨期施工	关键	○	●			
高压线防护	关键	○	●			
成品保护	一般	●				
"四新"技术（尚无技术标准的）	危险	○	●			

注：1. "○"为审核，"●"为审批；

2. 表中分类"高危"指超过一定规模的危险性较大的分部分项工程施工方案；

3. 表中分类"危险"指不须经专家论证的危险性较大分部分项工程施工方案；

4. 表中分类"关键"指特殊过程和关键分部分项工程施工方案；

5. 表中分类"一般"指一般分部分项工程施工方案。

三、施工技术交底的编制与实施

1. 技术交底的分类

技术交底应包括施工组织设计交底、专项施工方案技术交底、分项工程施工技术交底、"四新"技术交底和设计变更技术交底等。

（1）设计图纸技术交底。

1）施工图设计技术交底的目的。技术交底的目的是使参加工程建设的相关人员正确贯彻设计意图，加深对设计文件特点、难点、疑点的理解，完善设计，掌握关键工程部位的技术质量要求。

2）施工图设计技术交底程序。施工图设计技术交底一般是在工程开工前由业主（或监理）单位主持，业主、设计、监理、施工、质量监督等有关单位参加进行。首先由设计代表阐述设计概况、设计意图、施工要求及注意事项，施工和监理单位根据现场调查的情况和对设计图的理解，就图纸中的问题向设计代表提出疑问，设计代表进行答疑，设计代表的现场答复，会后应以书面的形式进行确认。如设计代表在现场不能马上答复的问题，设计单位应在规定时间内予以书面答复，并作为设计文件的一部分，在施工中贯彻执行。设计交底的会议纪要需参会各方签字认可。

3）施工图设计交底的会议纪要。施工图设计交底的会议纪要一般应包含以下内容：①参会单位对设计图纸中存在的问题和矛盾之处提出的意见，设计代表答复同意修改的内容；②施工单位为便于施工，或出于施工质量、安全考虑，要求设计单位修改部分设计的会商结果与解决方法；③交底会上尚未得到解决或需要进一步商讨的问题；④列出参加设计技术交底的单位人员名单，签字后生效。

4）参加施工图设计技术交底应注意的问题。参加施工图设计技术交底前必须组织项目技术人员结合现场情况对设计图纸进行认真审核，审核中发现的问题应归纳汇总，及时召集有关人员，针对审核中发现的问题进行讨论，弄清设计意图和工程的特点及要求。必要时，可以提出自己的看法或建议。会上拟指派一名代表为主发言人，其他人可视情况适当解释、补充，指定专人对提出和解答的问题做好记录，以便查核。

（2）工程施工技术交底。技术交底应包括施工组织设计交底、专项施工方案技术交底、分项工程施工技术交底、"四新"技术交底和设计变更技术交底等。

1）施工组织设计交底：①施工组织设计交底应包括主要设计要求、施工措施以及重要事项等；②施工组织设计交底由项目技术负责人组织专业技术人员、生产经理、质检人员、安全员及分承包方有关人员等进行交底。重点和大型工程施工组织设计交底应由企业的技术负责人进行交底。

2）专项施工方案技术交底：①专项施工方案技术交底，应结合工程的特点和实际情况，对设计要求、现场情况、工程难点、施工部位及工期要求、劳动力组织及责任分工、施工准备、主要施工方法及措施、质量标准和验收，以及施工、安全防护、消防、临时用电、环保注意事项等进行交底。季节性施工方案的技术交底还应重点明确季节性施工特殊用工的组织与管理、设备及料具准备计划、分项工程施工方法及技术措施、消防安全措施等内容；②专项施工方案技术交底应由项目技术负责人负责，根据专项施工方案对专业工长进行交底。

3）分项工程施工技术交底：①分项工程施工技术交底是将管理层所确定的施工方法向操作者进行交底，是施工方案的具体细化。应按各分部分项工程的顺序、进度独立编写。并应根据工程特点明确作业条件、施工工艺及施工操作要点、质量要求及注意事项等内容；②分项工程施工技术交底应以工艺为主，有工艺流程图。在交底中应详细说明每个分项工程各道工序如何按工艺要求进行正确施工；③应详细介绍分项工程关键、重点、难点工序的主要施工要求和方法。对关键部位、重点部位的施工方法应有详图进行说明；④分项工程施工技术交底应由专业工长对专业施工班组（或专业分包）进行。

4）"四新"技术交底：①对于难度较大的"四新"技术，应在施工前编制专项技术交底。结合工程使用的新技术、新材料、新工艺、新产品的特点、难点，明确"四新"技术的使用计划、主要施工方法与措施，以及注意事项等；②"四新"技术交底由项目技术负责人组织相关专业技术人员编制并对专业工长交底。

5）设计变更技术交底：①修改量大，变更内容复杂的设计变更及工程洽商应编制设计变更、洽商交底；②设计变更交底应由项目技术部门根据变更要求，并结合具体施工步骤、措施及注意事项等对专业工长进行交底。

2. 施工技术交底编制、实施基本要求

（1）施工技术交底编制、实施要求。

1）技术交底必须在工程施工前进行，作为整个工程和分部、分项工程施工前准备工作的一部分，做到时间上要及时。要根据交底项目的实施难度情况，有一定的提前量，给相关人员留有充分的消化和准备时间。

2）技术交底应符合国家有关技术标准、工程质量检验评定标准、施工规范、规程、工艺标准等的相关规定，满足设计施工图纸及合同文件中的技术要求。

3）技术交底应符合项目施工组织设计中的有关施工技术方案、技术措施、施工进度等有关要求，符合和体现上一级技术交底中的意图和具体要求。

4）二级技术交底是责任到人、奖罚到人、监督到人的管理制度。

5）技术交底必须有的放矢，内容充实，具有针对性和指导性。应根据施工项目的特点、环境条件、季节变化等情况及分部分项工程的具体要求，重点突出，其施工工艺、质量标准、安全措施及环保措施等均应分别有针对性的具体说明。

6）对易发生施工质量通病和安全事故的工序和工程部位，在技术交底时，应着重强调各种预防施工质量通病和安全事故发生的技术措施和注意事项。

7）交底内容应结合质量、职业健康安全和环境"三位一体管理体系"的要求，在进行技术交底的同时，进行质量、安全、环境方面的技术交底。

8）应建立施工技术交底台账。整个施工过程包括各分部分项工程的施工均须作技术交底，技术交底不要漏项，不要只进行主体工程交底而忽略附属工程。

9）所有书面技术交底，均应经过项目技术负责人（或项目总工程师）的审核，字迹要清楚、完整，数据要引用正确。技术交底会议记录应保存完整，交底方和被交底方的双方负责人必须履行交底签字手续。

（2）施工技术交底应注意的问题。

1）技术交底应严格执行施工规范、规程及合同文件要求，不得任意修改、删减或降低工程质量标准。

2）技术交底应将项目的质量目标贯穿其中。项目在施工组织设计中提出的质量目标要在技术交底中得到体现。在交底的深度上，对影响工程内在、外观质量的关键机械设备、模板、施工工艺等应有明确的强制性要求。

3）进行技术交底时，可根据需要，邀请业主、设计代表、监理和有经验的操作工人等相关人员参加，必要时对交底内容做补充修改。对于涉及已经批准的施工方案、技术措施的变动，应按有关程序进行审批后执行。

4）技术交底应注重实效，做到责任落实到人，方法、步骤落实到位，不要为了应付检查而流于形式。

5）加强对技术交底的效果进行督促和检查。各级技术管理人员在施工过程中要强化检查力度，发现施工人员不按交底要求施工时应立即予以阻止、纠正、处罚。

6）如施工方案、技术措施等前提情况发生变化，应及时对交底内容做补充修改。

7）对于技术难度大、采用"四新"技术等的关键工序，应进行内容全面、具体而详细的技术交底。

　　3. 技术交底编制依据

　　（1）国家、行业、地方标准、规范、规程，当地主管部门有关规定，本企业技术标准及质量管理体系文件。

　　（2）工程施工图纸、标准图集、图纸会审记录、设计变更及工作联系单等技术文件。

　　（3）施工组织设计、施工方案对本分项工程、特殊工程等的技术、质量和其他要求。

　　（4）其他有关文件：工程所在地建设主管部门（含工程质量监督站）有关工程管理、技术推广、质量管理及质量通病治理等方面的文件；本公司发布的年度工程技术质量管理工作要点、工程检查通报等文件。特别应注意落实其中提出的预防和治理质量通病、解决施工问题的技术措施等。

　　4. 施工技术交底内容编制要求

　　（1）施工准备。

　　1）作业人员。说明劳动力配置、培训、特殊工种持证上岗要求等。

　　2）主要材料。说明施工所需材料名称、规格、型号，材料质量标准，材料品种规格等直观要求，感官判定合格的方法，强调从有"检验合格"标识牌的材料堆放处领料，每次领料批量要求等。

　　3）主要机具：①机械设备，说明所使用机械的名称、型号、性能、使用要求等；②主要工具，说明施工应配备的小型工具，包括测量用设备等，必要时应对小型工具的规格、合法性（对一些测量用工具，如经纬仪、水准仪、钢卷尺、靠尺等，应强调要求使用经检定合格的设备）等进行规定。

　　4）作业条件。说明与本道工序相关的上道工序应具备的条件，是否已经过验收并合格。本工序施工现场施工前准备应具备的条件等。

　　（2）施工进度要求。对本分项工程具体施工时间、完成时间等提出详细要求。

　　（3）施工工艺。

　　1）工艺流程。详细列出该项目的操作工序和顺序。

　　2）施工要点。根据工艺流程所列的工序和顺序，分别对施工要点进行叙述，并提出相应要求。

　　（4）施工控制要点。

1）重点部位和关键环节。结合施工图提出设计的特殊要求和处理方法、细部处理要求、容易发生质量事故和安环施工的工艺过程，尽量用图表达。

2）质量通病的预防及措施。根据企业提出的预防和治理质量通病和施工问题的技术措施等，针对本工程特点具体提出质量通病及其预防措施。

（5）成品保护措施。对上道工序成品的保护提出要求；对本道工序成品提出具体保护措施。

（6）质量保证措施。重点从人、材料、设备、施工方法等方面制订具有针对性的保证措施。

（7）安全注意事项。内容包括作业相关安全防护设施要求，个人防护用品要求，作业人员安全素质要求，接受安全教育要求，项目安全管理规定，特种作业人员执证上岗规定，应急响应要求，隐患报告要求，相关机具安全使用要求，相关用电安全技术要求，相关危害因素的防范措施，文明施工要求，相关防火要求，季节性安全施工注意事项。

（8）环境保护措施。国家、行业、地方法规环保要求，企业对社会承诺，项目管理措施，环保隐患报告要求。

（9）质量验收标准。

1）主控项目。国家质量检验规范要求，包括抽检数量、检验方法。

2）一般项目。国家质量检验规范要求，包括抽检数量、检验方法和合格标准。

3）质量验收。对班组提出自检、互检、班组长检的要求。

5．分项工程施工技术交底重点

由于一项工程，特别是大型复杂的建筑工程项目，其分部分项工程很多，需要不同工种的作业班组分期分阶段来完成。所以，技术交底的内容应按照分部分项工程的具体要求，根据设计图纸的技术要求以及施工及验收规范的具体规定，针对不同工种的具体特点，进行不同内容和重点的技术交底，见表3-4。

表3-4　　　　　　　　分项工程施工技术交底重点

序号	分项工程	技术交底重点
1	土方工程	包括：地基土的性质与特点；各种标桩的位置与保护办法；挖填土的范围和深度，放边坡的要求，回填土与灰土等夯实方法及密度等指标要求；地下水或地表水排除与处理方法；施工工艺与操作规程中有关规定和安全技术措施

序号	分项工程	技术交底重点
2	砌体工程	包括：砌筑部位；轴线位置；各层水平标高；门窗洞口位置；墙身厚度及墙厚变化情况；砂浆强度等级，砂浆配合比及砂浆试块组数与养护；各预留洞口和各专业预埋件位置与数量、规格、尺寸；各不同部位和标高；砖、石等原材料的质量要求；砌体组砌方法和质量标准；质量通病预防办法，安全注意事项等
3	模板工程	包括：各种钢筋混凝土构件的轴线和水平位置、标高、截面形式和几何尺寸；支模方案和技术要求；支承系统的强度、稳定性具体技术要求；拆模时间；预埋件、预留洞的位置、标高、尺寸、数量及预防其移位的方法；特殊部位的技术要求及处理方法；质量标准与其质量通病预防措施，安全技术措施
4	钢筋工程	包括：所有构件中钢筋的种类、型号、直径、根数、接头方法和技术要求；预防钢筋位移和保证钢筋保护层厚度技术措施；钢筋代换的方法与手续办理；特殊部位的技术处理；有关操作，特别是高空作业注意事项；质量标准及质量通病预防措施，安全技术措施和注意事项
5	混凝土工程	包括：水泥、砂、石、外加剂、水等原材料的品种、技术规程和质量标准；不同部位、不同标高混凝土种类和强度等级；其配合比、水灰比、坍落度的控制及相应技术措施；搅拌、运输、振捣有关技术规定和要求；混凝土浇灌方法和顺序，混凝土养护方法；施工缝的留设部位、数量及其相应采取技术措施、规范的具体要求；大体积混凝土施工温度控制的技术措施；防渗混凝土施工具体技术细节和技术措施实施办法；混凝土试块留置部位、数量与养护；预防各种预埋件、预留洞位移具体技术措施，特别是机械设备地脚螺栓移位，在施工时提出具体要求；质量标准和质量通病预防办法，混凝土施工安全技术措施与节约措施
6	脚手架工程	包括：所有的材料种类、型号、数量、规格及其质量标准；脚手架搭设方式、强度和稳定性技术要求（必须达到牢固可靠的要求）；脚手架逐层升高技术措施和要求；脚手架立杆垂直度和沉降变形要求；脚手架工程搭设工人自检和逐层安全检查部门专门检查。重要部位脚手架，如下撑式挑梁钢架组装与安装技术要求和检查方法；脚手架与建筑物连接方式与要求；脚手架拆除方法和顺序及其注意事项；脚手架工程质量标准和安全注意事项
7	结构吊装工程	包括：建筑物各部位需要吊装构件的型号、重量、数量、吊点位置；吊装设备的技术性能；有关绳索规格、吊装设备运行路线、吊装顺序和吊装方法；吊装联络信号、劳动组织、指挥与协作配合；吊装节点连接方式；吊装构件支撑系统连接顺序与连接方法；吊装构件（如预应力钢筋混凝土屋架）吊装期间的整体稳定性技术措施；与市供电局联系供电情况；吊装操作注意事项；吊装构件误差标准和质量通病预防措施；吊装构件安全技术措施

序号	分项工程	技术交底重点
8	钢结构工程	包括：钢结构的型号、重量、数量、几何尺寸、平面位置和标高，各种钢材的品种、类型、规格，连接方法与技术措施；焊接设备规格与操作注意事项，焊接工艺及其技术标准、技术措施、焊缝型式、位置及质量标准；构件下料直至拼装整套工艺流水作业顺序；钢结构质量标准和质量通病预防措施，施工安全技术措施
9	屋面与防水工程	包括：屋面和防水工程的构造、形式、种类，防水材料型号、种类、技术性能、特点、质量标准及注意事项；保温层与防水材料的种类和配合比、表观密度、厚度、操作工艺，基层的做法和基本技术要求，铺贴或涂刷的方法和操作要求；各种节点处理方法；防渗混凝土工程止水技术处理与要求；操作过程中防护和防毒及其安全注意事项

6.其他技术交底内容及编制重点

（1）施工组织设计交底内容及重点，见表3-5。

表3-5　　　　　　　　施工组织设计交底内容及重点

项目	说　明
内容	（1）工程概况及施工目标的说明； （2）总体施工部署的意图，施工机械、劳动力、大型材料安排与组织； （3）主要施工方法，关键性的施工技术及实施中存在的问题； （4）难度施工大的部位的施工方案及注意事项； （5）"四新"技术的技术要求、实施方案、注意事项； （6）进度计划的实施与控制； （7）总承包的组织与管理； （8）质量、安全控制等方面内容
重点	施工部署、重难点施工方法与措施、进度计划实施及控制、资源组织与安排

（2）专项施工方案交底内容及重点，见表3-6。

表3-6　　　　　　　　专项施工方案交底内容及重点

项目	说　明
内容	（1）工程概况； （2）施工安排； （3）施工方法； （4）进度、质量、安全控制措施与注意事项
重点	施工安排、施工方法

（3）"四新"技术交底内容及重点，见表3-7。

表3-7 "四新"技术交底内容及重点

项目	说　明
内容	（1）使用部位； （2）主要施工方法与措施； （3）注意事项
重点	主要施工方法与措施

（4）设计变更交底内容及重点，见表3-8。

表3-8 设计变更交底内容及重点

项目	说　明
内容	（1）变更的部位； （2）变更的内容； （3）实施的方案、措施、注意事项
重点	主要实施的方案、措施

7. 施工技术交底实施管理要求

（1）明确施工技术交底的重要性。采用技术交底的形式就可以作为在施工中贯彻企业经营理念、方针、目标的一个非常好的载体。施工技术交底现在已经不仅仅是单纯的一项技术管理工作，而是成为项目为实现预定的工程质量及生产经营目标的一个非常有效的管理手段。

施工技术交底在内容上，不仅要包含技术方面的内容，还要包含质量、进度、安全、环保、现场文明施工等多方面的内容，它是项目实现质量、职业健康安全和环境管理以及生产经营目标的一个管理方法。如果还沿用以前的主要由项目技术负责人（或项目总工程师）负责的一次技术交底的形式，显然是不能够满足管理要求的。因此，施工技术交底通过采用按不同层次、不同要求、有针对性的方式进行二次交底，能够更好地适应目前的项目管理模式，可以让所有参加施工的技术人员都参与到施工技术交底工作中来，充分发挥其工作主动性，提高业务水平，更好地发挥在现场的督促、检查、指导作用，确保项目整体目标的实现。

（2）明确施工技术交底的目的和任务。通过技术交底，使参与施工活动的每一个技术人员都能熟悉和了解所承担工程的特点，特定的施工条件、设计意图、施工组织、技术要求、质量标准、施工工艺、有针对性的关键技术措施、安全措施、环保要求、工期要求和在施工中应注意的问题，使参与施工操作的工人都能了解自己所要完成的分部、分项工程的具体工作内容、操作方法、施工工艺、质量标准、安全、环保、文明施工等注意事项。做到任务明确，心中有数，各工种之间配合协作，工序交接井井有条，有序施工，各施工作业点都能按照施工组织设计中的要求组织施工，从而达到提高工程质量、圆满履行合同的目的。

（3）施工技术交底的形式。施工技术交底必须以书面材料结合会议交底的形式进行。采用这种方式的目的，一是有据可查，明确交底人与被交底人之间的责任；二是便于参加技术交底人员实行互动，进行必要讨论，发挥集体智慧；三是便于准确理解施工技术的交底内容。

（4）严格施工技术交底步骤。

1）项目施工技术总体交底。工程开工前，由项目经理主持，交底人为项目技术负责人（或项目总工程师），就工程总体以分项工程为单元进行总体技术交底，参加人员为本项目各部门负责人、分项工程负责人及全体技术人员。在此基础上，技术交底分两级进行。

2）第一级施工技术交底。交底人是项目技术负责人（或项目总工程师），就每分部工程以分项工程为单元向分项工程负责人和相关技术人员进行交底；重点工程、重要分项工程的技术交底应由项目技术负责人（或项目总工程师）亲自主持。

3）第二级施工技术交底。交底人为分项工程技术负责人，就每分项工程以工序为单元向工序技术员、工序班长或工序负责人、主要操作人员进行技术交底。

（5）各级施工技术交底的侧重点。施工技术交底由于交底的层次、对象不同，因而交底的内容、侧重点也各不相同。

1）总体施工技术交底。在工程开工前，项目技术负责人（或项目总工程师）应依据项目实施性施工组织设计、施工图纸、合同文件和现场实地调查情况等拟定技术交底文件，对工程总体情况进行全面交底。

2）一级施工技术交底。在项目分部（项）工程开工前，由项目工程技术部负责人（或总工程师）根据施工组织设计、施工图纸、合同文件和总体交底内容等拟定技术交底文件，对分部（项）工程进行施工技术交底。

3）二级施工技术交底。现场技术负责人在接受第一级技术交底后，按自己所分管的工程范围，要进一步学习相关合同文件，了解设计意图，并根据批准的实施性施工组织设计、单项（分项、分部工程）施工方案、关键工序、特殊工序施工方案、作业指导书以及现场实际情况和上级技术交底要求等，拟定具体的实施方法和步骤，补充完善必要的技术措施，在每个施工项目作业前，有针对性地进行详细技术交底。

第四章

现场施工技术管理的主要工作

一、项目施工开工前的准备工作

1. 调查研究收集资料

收集研究与施工活动有关的资料，可使施工准备工作有的放矢，避免盲目性。有关施工资料的调查收集可归纳为两部分内容，即自然条件的调查收集和技术经济条件的调查收集。自然条件是指通过自然力活动而形成的与施工有关的条件，如地形地貌、工程地质、水文地质及气象条件等。技术经济条件是指通过社会经济活动而形成的与施工活动有关的条件，如工区供水、供电、道路交通能力；地方建筑材料的生产供应能力及建筑劳务市场的发育程度；当地民风民俗、生活供应保障能力等。现将各种资料调查收集的内容与作用分述如下。

（1）原始资料的调查。原始资料的调查主要是对工程条件、工程环境特点和施工条件等施工技术与组织的基础资料进行调查，以此作为项目准备工作的依据。

1）施工现场的调查。这项调查包括工程的建设规划图、建设地区区域地形图、场地地形图、控制桩与水准基点的位置及现场地形、地貌特征等资料。这些资料一般可作为设计、施工平面图的依据。

2）工程地质、水文地质的调查。这项调查包括工程钻孔布置图、地质剖面图、地基各项物理力学指标试验报告、地质稳定性资料、暗河及地下水水位变化、流向、流速及流量和水质等资料。这些资料一般可作为选择基础施工方法的依据。

3）气象资料的调查。这项调查包括全年、各月平均气温，最高与最低气温，各种气温的天数和时间；雨季起止时间，最大及月平均降水量及雷暴时间；主导风向及频率，全年大风的天数及时间等资料。这些资料一般可作为确定冬、雨期施工工作的依据。

4）周围环境及障碍物的调查。这项调查包括施工区域现有建筑物、构筑物、沟渠、水井、古墓、文物、树木、电力架空线路、人防工程、地下管线、枯井等资料。这些资料可作为布置现场施工平面的依据。

（2）收集给水排水、供电等资料。

1）收集当地给水排水资料调查。包括当地现有水源的连接地点、接管距离、水压、水质、水费及供水能力和与现场用水连接的可能性。若当地现有水源不能满足施工用水的要求，则要调查附近可作为施工生产、生活、消防用水的地面水或地下水源的水质、水量、取水方式、距离等条件。还要调查分析利用当地排水设施进行排水的可能性、排水距离、去向等资料。这些可作为选用施工给水排水方式的依据。

2）收集供电资料调查。包括可供施工使用的电源位置，接入工地的路径和条件，可以满足的容量、电压及电费等资料或建设单位、施工单位自有的发变电设备、供电能力。这些资料可作为选择施工用电方式的依据。

3）收集供热、供气资料调查。包括冬期施工时附近蒸汽的供应量，接管条件和价格，建设单位自有的供热能力，以及当地或建设单位可以提供的煤气、压缩空气、氧气的能力及它们至工地的距离等资料。这些资料是确定施工供热、供气的依据。

（3）收集交通运输资料。建筑施工中主要的交通运输方式一般有铁路、公路、水运和航运等。收集交通运输资料是调查主要材料及构件运输通道的情况，包括道路，街巷，途经的桥涵宽度、高度，允许载重量和转弯半径限制等资料。有超长、超高、超宽或超重的大型构件、大型起重机械和生产工艺设备需整体运输时，还要调查沿途架空电线、天桥的高度，并与有关部门商议避免大件运输对正常交通产生干扰的路线、时间及解决措施。

（4）收集"三材"、地方材料及装饰材料等资料。"三材"即钢材、木材和水泥。一般情况下，应摸清"三材"市场行情，了解地方材料，如砖、砂、灰、石等材料的供应能力、质量、价格、运费情况；当地构件制作、木材加工、金属结构、钢木门窗；商品混凝土、建筑机械供应与维修、运输等情况；脚手架、模板和大型工具租赁等能提供的服务项目、能力、价格等条件；收集装饰材料、特殊灯具、防水、防腐材料等市场情况。这些资料用作确定材料的供应计划、加工方式、储存和堆放场地及建造临时设施的依据。

（5）社会劳动力和生活条件调查。建设地区的社会劳动力和生活条件调查主要是了解当地能提供的劳动力人数、技术水平、来源和生活安排；能提供作为施工用的现有房屋情况；当地主、副食产品供应，日用品供应；文化教育、消防治安、医疗单位的基本情况以及能为施工提供支援的能力。这些资料是拟订劳动力安排计划、建立职工生活基地、确定临时设施的依据。

2. 施工技术准备

技术准备是根据设计图纸、施工地区调查研究收集的资料，结合工程特点，为施工建立必要的技术条件而做的准备工作。

（1）熟悉和会审图纸。熟悉和审查施工图纸的主要目的是使施工单位工程技术管理人员了解和掌握图纸的设计意图、构造特点和技术要求，为编制施工组织设计提供各项依据。通常，按图纸自审、会审和现场签证等三个阶段进行。图纸自审是由施工单位主持，并写出图纸自审记录。图纸会审则由建设单位主持，设计和施工单位共同参加，形成图纸会审纪要，由建设单位正式行文，三方共同会签并加盖公章，作为指导施工和工程结算的依据。图纸现场签证是在工程施工中，遵循技术核定和设计变更签证制度，对所发现的问题进行现场签证，作为指导施工、竣工验收和结算的依据。

施工单位熟悉和自审图纸时应注意如下几点。

1）施工图纸是否符合国家的有关技术政策、经济政策和相关的规定。

2）施工图纸与其说明书在内容上是否一致，施工图纸及其各组成部分之间有无矛盾和错误。

3）建筑图与其相关的结构图，在尺寸、坐标、标高和说明方面是否一致，技术要求是否明确。

4）熟悉工业项目的生产工艺流程和技术要求，掌握配套投产的先后次序和相互关系，审查设备安装图纸与其相配合的土建图纸，在坐标和标高尺寸上是否一致，土建施工的质量标准能否满足设备安装的工艺要求。

5）基础设计或地基处理方案同建造地点的工程地质和水文地质条件是否一致，弄清建筑物与地下构筑物、管线间的相互关系。

6）掌握拟建工程的建筑和结构的形式和特点，需要采取哪些新技术；复核主要承重结构或构件的强度、刚度和稳定性能否满足施工要求；对于工程复杂、施工难度大和技术要求高的分部（分项）工程，要审查现有施工技术和管理水平能否满足工程质量和工期要求；建筑设备及加工订货有何特殊要求等。

7）对设计技术资料有否合理化建议及其他问题。在审查图纸过程中，对发现的问题应做出标记，做好记录，以便在图纸会审时提出。

（2）编制施工组织设计。施工组织设计是指导拟建工程进行施工准备和组织施工的基本技术经济文件。它的任务是要对具体的拟建工程（建筑群或单个建筑物）的施工准备工作和整个的施工过程，在人力和物力、时间和空间、技术和组织上，做出一个全面而合理，并符合好、快、省、安全要求的安排。有了科学合理的施工组织设计、施工准备工作，正式施工活动才能有计划、有步骤、有条不紊地进行。从施工管理与组织的角度讲，编制施工组织设计是技术准备，乃至整个施工准备工作的中心内容。由于建筑工程没有一个通用定型的、一成不变的施工方法，所以每个建筑工程项目都需要分别确定施工方案和施工组织方法，也就是要分别编制施工组织设计，作为组织和指导施工的重要依据。

（3）编制施工图预算和施工预算。建筑工程预算是反映工程经济效果的技术经济文件，在我国现阶段也是确定建筑工程预算造价的法定形式。建筑工程预算按照不同的编制阶段和不同的作用，可以分为设计概算、施工图预算和施工预算三种。

1）施工图预算。施工图预算是按照施工图确定的工程量、施工组织设计所拟定的施工方法、建筑工程预算定额及其取费标准编制的确定建筑安装工程造价和主要物资需要量的技术经济文件。

2）施工预算。施工预算是根据施工图预算、施工图纸、施工组织设计、施工定额等文件进行编制的。它是企业内部经济核算和班组承包的依据，是编制工程成本计划的基础，是控制施工工料消耗和成本支出的依据，是企业内部使用的一种预算。

施工图预算与施工预算存在很大的区别。施工图预算是甲乙双方确定预算造价、发生经济联系的技术经济文件；而施工预算则是施工企业内部经济核算的依据。施工预算直接受施工图预算的控制。

3. 施工现场准备

施工现场的准备即通常所说的室外准备。它是按照施工组织设计的要求进行的施工现场具体条件的准备工作，主要内容有清除障碍物、三通一平、测量放线、搭设临时设施等。

（1）清除障碍物。施工场地内的一切障碍物，无论是地上或是地下的，都应在开工前清除。这些工作一般是由建设单位来完成，但也有委托施工单位来完成的。如果由施工单位来完成这项工作，应注意如下几点。

1）一定要事先摸清现场情况，尤其是在城市的老城区内，由于原有建筑物和构筑物情况复杂，而且往往资料不全，在清除前需要采取相应的措施，防止发生事故。

2）对于房屋的拆除一般要把水源、电源切断后才可进行。对于较坚固的房屋和地下老基础，则可采用爆破的方法拆除，但这需要委托有相应资质的专业爆破作业单位来承担，并且必须经公安部门批准方可实施。

3）架空电线（电力、通信）、地下电缆（包括电力、通信）的拆除，要与电力部门或通信部门联系，并办理有关手续后方可进行。

4）自来水、污水、煤气、热力等管线的拆除，应委托专业公司来完成。

5）场地内若有树木，须报园林部门批准后方可砍伐。

6）拆除障碍物后，留下的渣土等杂物都应清除至场外。运输时，应遵守交通、环保部门的有关规定，运土的车辆要按照指定的路线和时间行驶，并采取封闭运输车或在渣土上洒水等措施，以避免渣土飞扬而污染环境。

（2）"三通一平"。在工区范围内，接通施工用水、用电、道路和平整场地的工作简称为"三通一平"。当然，有的工地还需要供应蒸汽，架设热力管线，称为"热通"；通压缩空气，称为"气通"；通电话作为联络通信工具，称为"话通"；还可能因为施工中的特殊要求，有其他的"通"，但最基本的、对施工现场施工活动影响最大的还是水通、电通、道路通的"三通"。

1）场地平整。清除障碍物后，即可进行场地平整工作。平整场地工作是根据建筑施工总平面图规定的标高，通过测量，计算出填挖土方工程量，设计土方调配方案，组织人力或机械进行平整工作。如果工程规模较大，这项工作可以分段进行，先完成第一期开工的工程用地范围内的场地平整工作，再依次进行后续的平整工作，为第一期工程项目尽早开工创造条件。

2）修通道路。施工现场的道路是组织施工物资进场的动脉。为保证施工物资能早日进场，必须按施工总平面图的要求，修好现场永久性道路及必要的临时道路。为节省工程费用，应尽可能利用已有的道路。为使施工时不损坏路面和加快修路速度，可以先修路基或在路基上铺简易路面，施工完毕后，再铺永久性路面。

3）通水。施工现场的通水包括给水和排水两个方面。施工用水包括生产、生活与消防用水。通水应按照施工总平面图的规划进行安排。施工给水设施应尽量利用永久性给水线路。临时管线的铺设，既要满足生产用水的需要和使用方便，还要尽量缩短管线。施工现场的排水也十分重要，尤其是在雨季，场地排水不畅，会影响施工和运输的顺利进行，因此要做好排水工作。

4）通电。包括施工生产用电和生活用电。通电应按照施工组织设计要求布设线路和通电设备，电源首先应考虑从国家电力系统或建设单位已有的电源上获得。如供电系统不能满足施工生产、生活用电的需要，则应考虑在现场建立发电系统，以保证施工的连续、顺利进行。施工中如需要通热、通气或通电信，也应该按照施工组织设计要求，事先完成。

（3）测量放线。测量放线的任务是把图纸上所设计好的建筑物、构筑物及管线等测设到地面上或实物上，并用各种标志表现出来，以作为施工的依据。其工作的进行，一般是在土方开挖之前，在施工场地内设置坐标控制网和高程控制点来实现的。这些网点的设置应视工程范围的大小和控制的精度而定。在测量放线前，应对测量仪器进行检验和校正，熟悉并校核施工图纸，了解设计意图，校核红线桩与水准点，制订出测量、放线方案。

建筑物定位放线是确定整个工程平面位置的关键环节，实施施工测量中必须保证精度，杜绝错误，避免产生难以处理的后果。建筑物定位、放线，一般通过设计图中的平面控制轴线来确定建筑物的四廓位置，测定并经自检合格后，提交有关部门和甲方（或监理人员）验线，以保证定位的准确性。沿红线的建筑物放线后，还要由城市规划部门验线，以防止建筑物压红线或超红线，为正常顺利的施工创造条件。

（4）搭设临时设施。现场生活和生产用的临时设施，在布置安排时，要遵照当地有关规定进行规划布置。如房屋的间距、标准是否符合卫生和防火要求，污水和垃圾的排放是否符合环保的要求等。临时建筑平面图及主要房屋结构图，都应报请城市规划、市政、消防、交通、环境保护等有关部门审查批准。为了施工方便和安全，对于指定的施工用地的周界，应用围栏围挡起来，围挡的形式和材料及高度应符合市容管理的有关规定和要求。在主要入口处设标示牌，标明工程名称、施工单位、工地负责人等。各种生产、生活用的临时设施，包括特种仓库、混凝土搅拌站、预制构件场、机修站、各种生产作业棚、办公用房、宿舍、食堂、文化生活设施等，均应按照批准的施工组织设计规定的数量、标准、面积、位置等要求组织修建，大、中型工程可分批、分期修建。

此外，在考虑施工现场临时设施的搭设时，应尽量利用原有建筑物，尽可能减少临时设施的数量，以便节约用地，节约投资。

4. 施工物资准备

物资准备是项目施工必需的物质基础。在施工项目开工之前，必须根据各项资源需要量制订计划，分别落实货源，组织运输和安排好现场储备，使其满足项目连续施工的需要。

（1）物资准备工作的内容。物资准备是复杂而又细致的工作，它包括机具、设备、材料、成品、半成品等多方面准备。

1）建筑材料的准备。主要是根据工料分析，按照施工进度计划的使用要求和材料储备定额和消耗定额，分别按照材料名称、规格、使用时间进行汇总，编制出建筑材料需要量计划，为组织备料、确定材料的仓库面积或堆场面积以及组织运输提供依据。建筑材料的准备包括"三材"、地方材料、装饰材料的准备。准备工作应根据材料的需要量计划，组织货源，确定物资加工、供应地点和供应方式，签订物资供应合同。

2）材料的储备。应根据施工现场分期分批使用材料的特点，按照以下原则进行材料的储备：①按工程进度分期、分批进行，现场储备的材料多了会造成积压，增加材料保管的负担，同时，也多占用流动资金；储备少了又会影响正常生产。所以，材料的储备应合理、适宜；②做好现场保管工作，以保证材料的原有数量和原有的使用价值；③现场材料的堆放应合理。现场储备的材料，应严格按照施工平面布置图的位置堆放，以减少二次搬运，且应堆放整齐，标明标牌，以免混淆。此外，也应做好防水、防潮、易碎材料的保护工作；④应做好技术试验和检验工作，无出厂合格证明和没有按规定测试的原材料，一律不得使用，不合格的建筑材料和构件，一律不准进场和使用，特别对于没有把握的材料或进口原材料、某些再生材料的储备更要严格把关。

3）构配件及制品加工准备。根据施工预算提供的构件、配件及制品名称、规格、数量和质量，分别确定加工方案和供应渠道，以及进场后的储存地点和方式，编制出其需要量计划，为组织运输和确定堆场面积提供依据。工程项目施工中需要大量的预制构件、门窗、金属构件、水泥制品以及卫生洁具等，这些构件、配件必须事先提出订制加工单。对于采用商品混凝土现浇的工程，则先要到生产单位签订供货合同，注明品种、规格、数量、需要时间及送货地点等。

4）施工机具设备的准备。施工所需机具设备门类繁多，如各种土方机械，混凝土、砂浆搅拌设备，垂直及水平运输机械、吊装机械、机具，钢筋加工设备，木工机械，焊接设备，打夯机，抽水设备等，应根据施工方案和施工进度计划，确定其类型、数量和进场时间，然后确定其供应方法和进场后的存放地点、方式，编制出施工机具需要量计划，以此作为组织施工机具设备运输和存放的依据。

5）模板和脚手架的准备。模板和脚手架是施工现场使用量大、堆放占地大的周转材料。模板及其配件规格多、数量大，对堆放场地要求比较高，一定要分规格、型号整齐码放，便于使用及维修。大钢模一般要求立放，并防止倾倒，在现场也应规划出必要的存放场地。钢管脚手架、桥脚手架、吊篮脚手架等都应按指定的平面位置堆放整齐，扣件等零件还应防雨，以防锈蚀。

（2）物资准备工作的程序。

1）编制物资需要量计划。根据施工预算、分部工程施工方案和施工进度安排，分别编制建筑材料、构（配）件、制品和施工机具设备需要量计划。

2）组织货源。根据各项物资需要量计划，组织货源，确定加工方法、供货地点和供货方式，签订相应的物资供应合同。

3）编制物资运输计划。根据各项物资需要量计划和供货合同，确定各项物资运输计划和运输方案。

4）物资储存和保管方式。根据物资使用时间和施工平面布置要求，组织相应物资进场，经质量和数量检验合格后，按指定地点和方式分别进行储存和保管。

物资准备工作程序流程图如图 4-1 所示。

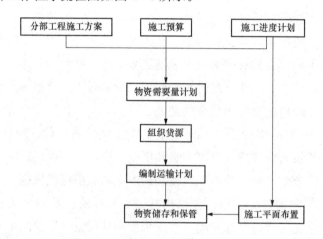

图 4-1　物资准备工作程序流程图

（3）基本施工班组的确定。基本施工班组应根据工程的特点、现有的劳动力组织情况及施工组织设计的劳动力需要量计划来确定选择。各有关工种工人的合理组织，一般有以下几种形式。

1）砖混结构的房屋以混合施工班组的形式较好。在结构施工阶段，主要是砌筑工程，应以瓦工为主，配备适量的架子工、木工、钢筋工、混凝土工以及小型机械工等。装饰阶段则以抹灰工、油漆工为主，配备适当的木工、管道工和电工等。

这些混合施工队的特点是人员配备较少，工人以本工种为主兼做其他工作，工序之间的衔接比较紧凑，因而劳动效率较高。

2）全现浇结构房屋以专业施工班组的形式较好。主体结构要施工大量的钢筋混凝土，故模板工、钢筋工、混凝土工是主要工种。装饰阶段需配备抹灰工、油漆工、木工及中高级装饰工等。

3）预制装配式结构房屋以专业施工班组的形式较好。这种结构的施工以构件吊装为主，故应以吊装起重工为主。因焊接量较大，电焊工要充足，同时配以适当的木工、钢筋工、混凝土工。同时，根据填充墙的砌筑量配备一定数量的瓦工。装修阶段需配备抹灰工、油漆工、木工等专业班组。

（4）施工队伍的教育。施工前，企业要对施工队伍进行劳动纪律、施工质量和安全教育，要求本企业职工和外包施工队人员必须做到遵守劳动时间，坚守工作岗位，遵守操作规程，保证产品质量，保证施工工期及安全生产，服从调动，爱护公物。同时，企业还应做好职工、技术人员的培训和技术更新工作，只有不断提高职工、技术人员的业务技术水平，才能从根本上保证建筑工程质量，不断提高企业的信誉与竞争力。此外，对于某些采用新工艺、新结构、新材料、新技术的工程，应该先将有关的管理人员和操作工人组织起来进行培训，使之达到标准后再上岗操作。这也是施工队伍准备工作内容之一。

5. 冬、雨期施工准备工作

冬期施工和雨期施工对项目施工质量、成本、工期和安全都会产生很大影响，为此必须做好冬、雨期施工准备工作。在项目冬期施工时，既要合理地安排冬期施工项目，又要重视冬期施工对临时设施的特殊要求，及早做好技术、物资的供应和储备，并加强冬期施工的消防和安保措施。

在项目雨期施工过程中，既要合理地确定施工项目和施工进度，又要做到晴、雨结合，尽量增加有效施工天数，同时要做好现场排水和防洪准备，采取有效的道路防滑和防沉陷措施，并加强施工现场物资管理工作。同时要考虑季节影响，一般大规模土方和深基础施工应避开雨季。寒冷地区入冬前应做好围护结构，冬季以安排室内作业和结构安装为宜。

二、现场施工技术管理内容及程序

1. 施工项目技术管理任务及作用

（1）技术管理的基本任务。项目技术管理，就是对项目施工全过程运用计划、组织、指挥、协调和控制等管理职能，促进技术工作的开展，贯彻国家的技术政策、技术法规和上级有关技术工作的指示与决定，动态地组织各项技术工作，优化技术方案，推进技术进步，使施工生产始终在技术标准的控制下按设计文件和图纸规定的技术要求进行，使技术规范与施工进度、质量与成本达到统一，从而保证安全、优质、低耗、高效地按期完成项目施工任务。

(2) 工程项目技术管理在整个管理工作中的作用。

1) 保证施工过程符合技术规范的要求，保证施工按正常秩序进行。

2) 通过技术管理，不断提高技术管理水平和职工的技术素质，能预见性地发现问题并及时解决问题，最终达到高质量完成施工任务的目标。

3) 充分发挥施工中人员及材料、设备的潜力，针对工程特点和技术难题，开展合理化建议和技术攻关活动，在保证工程质量和生产计划的前提下，降低工程成本，提高经济效益。

4) 通过技术管理，开发与推广新技术、新工艺、新材料，促进施工技术水平与竞争能力的提高。

2. 工程项目技术管理的主要内容

施工项目技术管理工作主要包括：技术管理基础工作；施工技术准备工作；施工过程技术管理工作；技术开发工作。项目技术管理工作及内容见表4-1，技术经济分析与评价等内容如图4-2所示。

表4-1　　　　　　　　　　项目技术管理工作及内容

序号	工作名称	管 理 内 容
1	施工技术类标准规范管理	施工技术类标准规范是指国家、行业、地方、中国工程建设标准化协会、企业颁布的与施工技术相关的标准、规范、规程等。 施工技术类标准规范管理的主要任务就是保证施工技术类标准规范的及时性、有效性和可控性，项目应设专人负责施工技术类标准、规范的管理工作，确保施工时使用当前有效的规范版本
2	设计文件管理	设计文件是指设计图书（设计图纸、技术说明书及工程规范等）、设计变更、工程洽商、施工图纸等文件。 在工程开工前，项目总工（技术负责人）须组织项目各专业技术人员对设计图纸进行认真学习和内部审核，并做好图纸内部会审记录。 认真执行按图施工的原则，需要变更时应坚持先办洽商后变更施工，不得后补洽商，洽商一般由项目技术部负责办理，由项目现场工程师负责洽定，技术部分发，解释，存档。技术性洽商必须请建设单位和设计单位签证，签字不全的技术洽商无效

续表

序号	工作名称	管 理 内 容
3	施工组织设计（方案）管理	施工组织设计（施工方案）是指导单位工程施工的纲领性文件，应该集中各种管理系统的意见，所以编制、审批、施工组织设计，必须组织有关部门参加，项目负责编制的施工组织设计，由项目总工组织项目有关人员议定施工方法、措施、现场布置、设施、总进度等主要方案后，组织有关人员共同编制，由技术部负责汇总成册，严格执行编制及审批程序
4	技术交底管理	施工中必须实行分级技术交底，对于重点和大型工程项目的施工组织设计由企业（公司）技术部门负责对项目全体管理人员进行技术交底；对于普通工程的施工组织设计由项目总工（技术负责人）负责对项目全体管理人员和分包主要管理人员进行技术交底；对于施工方案由方案编制工程师负责对项目相关管理人员和分包相关管理人员进行技术交底；对于施工过程中的技术交底由各专业责任工程师负责对分包相关管理人员（包括班组长）进行技术交底
5	隐检及施工检查	隐蔽工程施工检查是在施工过程中对隐蔽工程的技术复核和质量控制检查工作，在隐检项目验收检查完毕后做好隐检记录。例如，土方工程中的基底清理、基底标高等，结构工程中的钢筋品种、规格、数量等，钢结构工程中的地脚螺栓规格、位置、埋设方法等。 施工检查是对施工重要工序在正式验收前进行由施工班组进行的质量控制检查工作，在检验项目检查完毕后做好施工检查记录。例如，模板工程中的几何尺寸、轴线、标高、预埋件位置等，混凝土结构施工缝的留置方法、位置、接茬处理等。 在工程施工过程中，隐检或检查的检验批经分包单位自检合格后，报请总包单位质检人员组织检查验收，检查验收合格后，总包质量工程师报请监理单位进行检验批的隐检检查工作
6	施工资料管理	施工资料是项目竣工交付使用的必备条件，是反映结构工程质量的重要文件，也是对工程进行检查、维修、管理、使用、改建和扩建的依据。 施工资料主要包括工程管理与验收资料、施工管理资料、施工技术资料、施工测量资料、施工物资资料、施工记录、施工试验记录、施工质量验收记录八个方面； 项目经理部设置专职资料工程师，负责整个项目施工资料的管理工作，包括所有施工资料的收集、整理、归档工作；项目技术负责人负责对施工资料的审核、把关

序号	工作名称	管 理 内 容
7	测量工作管理	项目技术部门负责施工范围内的施工测量全部测量资料及测量工程师下发的有关测量资料。 测量工程师负责管理工程项目施工范围内的交接桩记录、测量工作实施、测量控制、重点工程测量方案、复核测量资料、监控量测资料、竣工测量资料及测量仪器台账
8	试验工作管理	项目试验工作由项目部试验工程师组织实施，依据工程进度，编制施工试验计划、施工见证取样计划，依据计划进行试验取样、试验委托、试验台账建立、试验资料归档等各项试验工作管理
9	计量（监视和测量装置）管理	对项目监视和测量装置进行有效的控制，保证其测试精度和准确性能满足施工过程中的使用要求。 监视和测量装置是指以下2类装置： 测量装置：为实现测量过程所必需的测量仪器、试验仪器设备、软件、测量标准、标准物质和（或）辅助设备或它们的组合。如：经纬仪、水准仪、欧姆表、兆欧表、万用表、定位模板、声级计、放线或检验人员使用的卷尺等。 监视装置：一般指控制仪表和设备，是生产设备的组成部分，用于监控生产过程或服务过程的工作状态。如：电焊机上的电流表、电压表，以及氧气表、乙炔表、现场工程师使用的卷尺等
10	分包技术管理	对于由总包单位直接发包的劳务分包单位，项目技术负责人、责任工程师须对分包技术人员进行详细的施工组织设计、施工方案以及技术方面的交底，做好对分包的技术管理和指导工作。 对于专业分包和业主指定分包单位，项目技术负责人、责任工程师须对分包的施工组织设计、施工方案进行认真审核和把关，做好专业分包、指定分包的技术协调和沟通工作。 同时，对分包还要从技术交底到工序控制、施工试验、材料试验、隐检预检，直到验收通过，进行系统的管理和控制

序号	工作名称	管 理 内 容
11	施工质量验收	工程施工质量验收的程序和组织应符合现行的相关工程施工质量验收标准的规定。 检验批经自检合格后，报送监理单位，由监理工程师（建设单位工程项目技术负责人）组织施工项目专业质量（技术）负责人等进行验收，并按规定填写验收记录。 基础、结构验收由项目技术负责人（或项目总工程师）组织先进行内部验收，预检合格后再由建设单位、设计单位、施工单位三方合验并办理签证后交质量监督部门核验，验收单由资料员归档，纳入竣工资料。 工程完工后，正式竣工验收之前项目技术负责人组织相关人员进行项目自检，依照设计文件、验收标准、施工规范、合同规定，对竣工项目的工程数量、质量、竣工资料进行全面检验。 工程项目经竣工自验、整改，达到验收条件后，由项目经理部向建设单位或接管单位报送《竣工申请表》，按照建设单位、接管单位设定的程序，参加工程项目竣工验收工作，并向接管单位提交达到档案验收标准的竣工文件（资料）
12	科技推广示范工程管理	一般由企业（公司）技术部门归口管理，协同项目经理部共同负责并运作示范工程的立项申报、实施监督、验收评审等
13	技术总结管理	对于在工程施工过程中完成的有价值的技术成果要及时进行专题技术总结（如深大基坑施工技术、大体积混凝土施工技术、新型钢结构施工技术、超高层施工技术、新型幕墙体系施工技术以及其他的新技术、新工艺、新材料、新设备等方面的专项技术），并形成书面文件

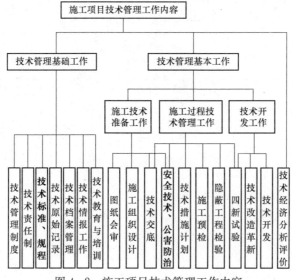

图 4-2　施工项目技术管理工作内容

3. 施工项目技术管理总体流程

技术管理总体流程，如图4-3所示。

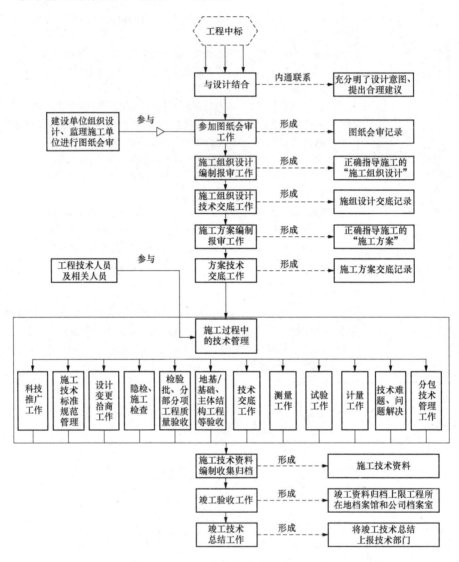

图4-3 技术管理总体流程

4. 施工项目技术管理运作程序

施工项目技术管理的运作程序，如图4-4所示。

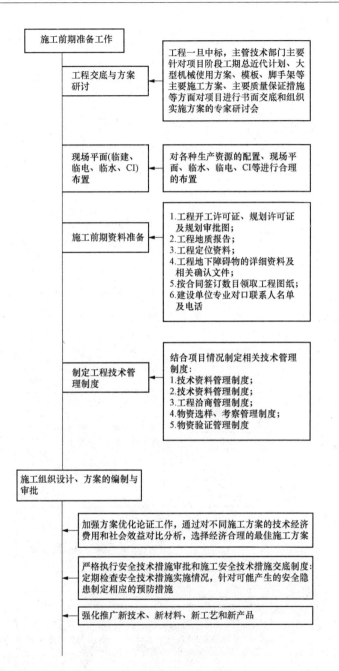

图 4-4 项目技术管理运作程序流程图（一）

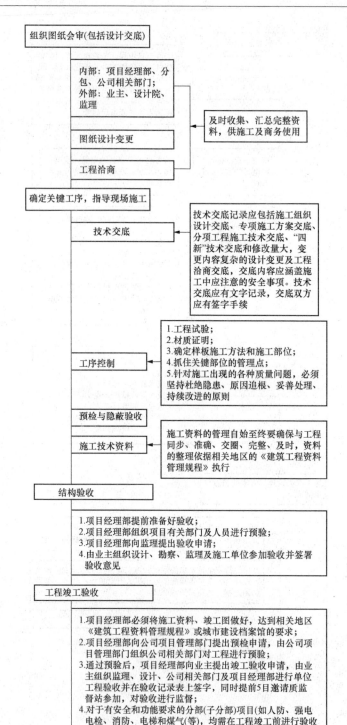

组织图纸会审(包括设计交底)

内部：项目经理部、分包、公司相关部门；
外部：业主、设计院、监理

及时收集、汇总完整资料，供施工及商务使用

图纸设计变更

工程洽商

确定关键工序，指导现场施工

技术交底

技术交底记录应包括施工组织设计交底、专项施工方案交底、分项工程施工技术交底、"四新"技术交底和修改量大，变更内容复杂的设计变更及工程洽商交底，交底内容应涵盖施工中应注意的安全事项。技术交底应有文字记录，交底双方应有签字手续

工序控制

1.工程试验；
2.材质证明；
3.确定样板施工方法和施工部位；
4.抓住关键部位的管理点；
5.针对施工出现的各种质量问题，必须坚持杜绝隐患、原因追根、妥善处理、持续改进的原则

预检与隐蔽验收

施工技术资料

施工资料的管理自始至终要确保与工程同步、准确、交圈、完整、及时，资料的整理依据相关地区的《建筑工程资料管理规程》执行

结构验收

1.项目经理部提前准备好验收；
2.项目经理部组织项目有关部门及人员进行预验；
3.项目经理部向监理提出验收申请；
4.由业主组织设计、勘察、监理及施工单位参加验收并签署验收意见

工程竣工验收

1.项目经理部必须将施工资料、竣工图做好，达到相关地区《建筑工程资料管理规程》或城市建设档案馆的要求；
2.项目经理部向公司项目管理部门提出预检申请，由公司项目管理部门组织公司相关部门对工程进行预验；
3.通过预验后，项目经理部向业主提出竣工验收申请，由业主组织监理、设计、公司相关部门及项目经理部进行单位工程验收并在验收记录表上签字，同时提前5日邀请质监督站参加，对验收进行监督；
4.对于有安全和功能要求的分部(子分部)项目(如人防、强电电检、消防、电梯和煤气(等)，均需在工程竣工前进行验收

图4-4 项目技术管理运作程序流程图（二）

```
┌─────────────────────┐
│     竣工报告         │
└─────────┬───────────┘
          │
┌─────────┴──────────────────────────────┐
│ 竣工报告由项目经理牵头。                │
│ 竣工报告包括：                          │
│ 1.工程概况及实际完成情况；              │
│ 2.企业自评的工程实体质量情况；          │
│ 3.企业自评施工资料完成情况；            │
│ 4.主要建筑设备、系统调试情况；          │
│ 5.安全和功能检测，主要功能抽查情况      │
└────────────────────────────────────────┘

┌─────────────────────┐
│     施工总结         │
└─────────┬───────────┘
          │
┌─────────┴──────────────────────────────┐
│ 施工总结由项目经理牵头负责。            │
│ 施工总结包括：                          │
│ 1.管理方面：根据工程特点与难点进行项目质量、现 │
│   场管理、合同、成本控制等方面的管理总结；     │
│ 2.技术方面：工程采用的新技术、新产品、新工艺、 │
│   新材料总结；                          │
│ 3.经验方面：施工过程中各种经验教训总结  │
└────────────────────────────────────────┘

┌─────────────────────┐
│   用户服务手册       │
└─────────┬───────────┘
          │
┌─────────┴──────────────────────────────┐
│ 单位工程完工后，由项目总(主任)工程师组织编写 │
│ 用户手册提交给业主。内容包括：          │
│ 1.概述：工程概况、使用功能、系统构成、主要参建 │
│   单位、主要平面图、立面图以及实景图；   │
│ 2.土建工程：基础与主体结构、装饰工程、防水工程、│
│   幕墙与擦窗机、建筑消防；              │
│ 3.机电工程：电气工程、给水排水工程、消防工程、 │
│   通风空调工程、综合布线系统、智能化集成系统等；│
│ 4.特殊注意的其他事项                    │
└────────────────────────────────────────┘
```

图 4-4 项目技术管理运作程序流程图（三）

三、现场施工技术管理

施工现场技术管理的主要任务是运用管理的职能与科学的方法，在施工中正确贯彻国家技术政策和建设单位、监理、公司有关技术工作的指示与决定，科学地组织各项技术工作，保证施工的每一工序符合技术规范、规程的要求，落实实施性施工组织设计所确定的技术任务，达到高效优质完成施工任务的目的，使技术与成本、技术与质量、技术与安全、技术创新与进度达到辩证统一。

现场技术管理工作主要包括现场技术复核、解决现场技术问题、关键工序控制、工程记录（包括会议记录、洽商记录、施工日志、工程影像）等。现场专项技术有统计技术、监测技术等。

1. 技术复核

一般来说，技术复核的工作内容有以下几个方面。

（1）在施工准备阶段图纸会审的基础上，每个分项工程开工前，进一步审核施工设计图，如结构内某些构件位置是否互相冲突，目前的原材料、施工工艺控制水平是否能达到设计所要求的质量标准（尤其是结构的耐久性）。

（2）在分项、工序施工前审核技术条件是否满足，如质量检测手段、检测工具、检测方案的适应性。

（3）施工设计图和施工方案是否会由于当前施工条件发生变化而需要修改，如地质地层与施工设计图不符。

（4）仔细推敲施工方案的适宜性，根据施工实际情况，调整局部方案，如分析判断方案计算中各种安全系数是否得当、安全系数要考虑施工人员落实方案的程度等。

（5）对于"四新"、技术革新的施工工艺，应随时总结分析，稳步推进。

（6）对关键部位或影响全工程的施工工艺进行试验、试载，以避免发生重大差错而影响工程的质量和进度。如混凝土高程泵送、支架预压、路基试验等。

（7）在施工过程中，对重要的和处于工期关键线路上的技术工作，必须在分部、分项工程正式施工前进行复核，以免发生重大差错，影响工程质量和进度。

2. 解决现场技术问题

（1）技术难点分析和对策。在实施性施工组织设计中，详细分析工程的技术难点，并提出相应的对策，按分部或分项工程列表。

（2）解决现场技术问题的原则。解决技术问题应坚持"尊重科学，实事求是，安全、质量、进度和成本统筹考虑"的原则，应保证工期关键线路的实现。解决技术问题在参照类似工程中成熟经验的基础上，尊重合同文件中"技术规范"的有关条款，依据现行技术标准（规程、规范、规定等），综合考虑其对工程进度的影响和可能引起的费用变化。解决技术问题要有科学理论依据，必要时要经过计算、验算、复核、报批后才能实施。当技术问题涉及变更、延期等合同问题时，应根据合同条件和现实情况做出相应的评价。

解决技术问题既要尊重设计，又要考虑从工程施工实际出发，尽可能便于实施，尽可能控制成本，当意见有分歧时，应充分协调各方意见，以理服人。提倡在现场解决问题，即在尊重设计意图、听取业主监理工程师意见的基础上，尽可能使大量施工技术问题在现场得到及时解决。较大技术问题，或有分歧意见的技术问题，可提前请公司组织专题技术会议研究解决。

召开现场施工技术性会议，宜考虑邀请业主、设计、监理参加。

（3）建立技术咨询渠道。如技术难点的技术水平于集团企业内领先，可与企业内相关专家取得联系，加强技术信息往来，或者成立专家委员会按照计划进行技术咨询论证。

如技术难点的技术水平于国内领先，应尽可能多地聘请国内专家成立专家委员会按照计划进行技术咨询论证，必要时通过邀请或国际招标选择国外工程管理咨询公司、专家进行技术课题立项来解决。

3. 关键工序控制

每个分项工程都是由多个工序组成，分为一般工序、关键工序。一般工序指的是对施工质量影响不大的常见工序，例如土方开挖。关键工序是对施工质量有重要影响的工序，或是对项目来说在技术上或管理上有困难的工序，这些工序要求项目根据标准、规范，结合自身情况编制施工方案、作业指导书等工艺文件。

（1）需编制作业指导书的工序。在施工项目中，对于具有以下特征的工序必须编制作业指导书。

1）对于施工缺陷仅在后续工序或使用后才能暴露出的工序，例如，某些特殊部位的焊接，在焊接过程中，焊接的质量无法检验，只有在下一工序或产品投入使用后，才可能发现其缺陷。

2）下道工序完成后无法进行检测的工序。例如，混凝土浇筑前的钢筋绑扎。这些过程完成后，都无法进行检验，无法判定产品质量的好与坏。

3）检测成本太高的工序，最好通过技术管理来保证质量。例如，金属焊接，虽然根据设计要求，对焊缝要进行探伤，但是探伤是有比例的，不能做到每一条焊缝都探伤，如果对每一条焊缝都做检测，成本太大。

（2）作业指导书编写的原则。首先要对项目施工中的关键工序、特殊工序进行识别并做出总的规定，包括定义哪些为关键工序，应采用什么样的方法进行控制，所用设备是如何控制的，对人员资格有何要求，应产生哪些记录。并注明当发生人、机、料、法、环等因素的变化时应重新识别关键工序、特殊工序，对关键工序、特殊工序要进行"三认可制度"（方案认可、设备认可、人员资质认可）。例如，主体结构金属焊接应是关键工序，应该在焊接前做出工艺评定，电焊设备完好，设备上所用电流表、电压表都在检定期限内，焊接人员必须有相应等级的国家颁发的资格证书，在施焊时要按照工艺评定的要求控制电流、电压，并做好焊接记录。

对每一个工程项目来说，由于具体人员、设备机具、环境的不同，对关键工序、特殊工序所采用的控制方法也不同，这些具体的施工方法在施工方案或作业指导书中应得到体现。例如，设立检查点，并对监测参数、频次、人力资源分布、人员资格要求、施工依照的标准规范、施工具体作业程序和要求、机具安排、天气温度的要求、周边环境、应该产生的记录等情况做详尽的表述和明确规定。

作业指导书应经过项目技术负责人的批准，确保规定和要求、措施得当才能实施。在作业指导书中对设备做出要求后，施工时还要再次对所需设备做出认定才能开始施工。

关键工序、特殊工序中对作业人员的资格要求比较严格，作业人员必须要有资格证书才能施工。国家或行业要求有资格证的岗位作业人员必须具备国家要求的资格证书。对于国家和行业暂时还未要求有资格证的岗位，作业人员必须经过项目的相关培训，考核合格后才能进行作业。

关键工序、特殊工序施工中，要加强事先预防、停点检查、重点监控，运用统计技术和工具对关键工序、特殊工序的工艺参数进行检测、分析，根据分析的结果采取相应的措施，防止出现异常现象。只有这样，才能减少或杜绝质量问题。

（3）作业指导书的基本内容。

1）与该作业相关的职责和权限。

2）作业内容的描述，包括加工的产品及其工序、操作步骤、过程流程图。

3）所使用的材料和设备，包括材料型号、规格和材质；设备名称、型号、技术参数规定和维护保养规定。

4）作业所使用的质量标准和技术标准要求，过程能力的要求，判定质量符合标准所依据的准则。

5）检验和试验方法，包括计量器具要求、调整和校准要求。

6）对工作环境的要求，包括温度、湿度以及安全和水环保方面的要求。

7）作业指导书的版面格式要求包含的内容有作业指导文件的名称、统一的标准编号、编写依据、发布和实施日期、编制人、审核人、部门负责人签字以及正文等。

8）作业指导书的编制首先需要遵循质量管理体系文件编制的原则。除此之外，还应依据下列原则和要求：①确定性。作业指导书的重点内容应该是解决如何作业的问题，应列出具体操作的详细过程，包括每一步骤所使用的原材料、仪器设备以及过程作业的结果和判定标准等；②实用性。作业指导书的内容和形式应以实用为原则，尽量简洁、易懂，而且要符合文件控制的要求。以文字叙述作业过程时，应选择通俗易懂的语句来表达，方便各个层次人员的理解和领悟。同时尽量多采用图表、图示、流程图和照片等形式，或图文并茂，更容易为使用者接受；③必要性。没有必要每个岗位每个活动都必须有作业指导书，应该充分考虑活动的复杂性、事实活动的方式、完成活动所需的技能、人员和资源要求等，以便确定最能适合组织运作需要的作业指导书；④协调性。编写作业指导书时，应认真分析现有文件的特点和适用性，以相应的技术规范、标准和有关技术文件作为编写依据，同时也应注意作业指导书的内容并非一定要限制在所依据的质量管理标准要求的范围之内，还可以包括对其他业务活动的控制要求。

（4）作业指导书编写的注意事项。

1）协调好作业指导书和程序文件之间的关系。作业指导书主要规定实施某一项活动的职责、范围和工作步骤等，而工作步骤所涉及的具体的纯技术性的细节则要在作业指导书中加以细化和展开，因此，处理好作业指导书和程序文件之间的接口关系非常重要。

2）切合实际并全面控制。作业指导书是为了指导实际工作而编写的，因此，要求其内容应符合实际运行情况，作业指导书应注重全面性，每一项活动其实都可以对特定事物质量的控制、指导和评价作用，每一项活动其实都可被视为一个过程，过程必定有输入和输出，所以要想使过程受控，就必须全面分析过程的输入和输出，对各方面因素进行综合考虑，然后明确对各个环节的要求，这样编写出的作业指导书才具有可操作性。在实际运用当中，也会反映出一些存在的问题和缺陷，应根据实施情况和活动的结果加以研究分析，对不适宜的内容进行修改和完善，从而实现增值和持续改进。

3）形式多样而写法各异。有的作业指导书可能只针对某一特定的岗位、产品或加工工序，而有的则可能只针对设备、工装或检验试验活动，控制的对象不同就导致作业指导书的编写形式和方法不同，因此，在编写作业指导书时，应根据欲控制的对象，决定控制的内容和要求，并选取相应的表达方式。

（5）作业指导书的管理及实施。

1）作业指导书应按照国家、行业及地方现行标准、规范结合实际情况，制订相应的技术工艺准则，经技术负责人审批后施行。

2）施工过程中使用新结构、新材料、新工艺、应用新型施工机械及采用新的检测、试验手段，必须经过试验和技术鉴定，并制订可行的技术措施，形成新的技术工艺标准补充条文，报项目经理部审批后施行。

3）桩基工程、大型土石方、深基坑支护、大体积混凝土、大跨度构件、预应力工程、大型钢结构制作安装、冬期施工、脚手架工程、有特殊工艺要求的工程（保温、特种混凝土等）特殊部位、结构、工序的施工，必须制订有针对性的技术措施，报经理部审批后方可施工。

4）脚手架施工作业前，现场施工管理人员应将具体的施工准备、工艺标准、质量要求和注意事项等向操作人员进行交底，尤其是一些重要部位和关键工艺的施工，应有针对性地进行技术交底，并制订、实施相应的跟踪检查措施，确保施工质量符合标准。

5）操作人员必须领会设计图纸要求和技术交底要求，施工过程中应自觉坚持自检、互检、交接检制度，发现问题，及时整改。

4. 工程施工记录

工程施工记录包括技术记录、管理记录等，这里所指的工程记录与技术资料、竣工资料有一定的区别，工程记录是以工程技术事务、管理事务的发生、发展、完成为主线。项目经理部自己保存的详细记录，包括会议记录、洽商记录、施工日志、工程影像等。

（1）工程记录的作用。项目经常利用索赔来追回损失、增加利润，索赔能否获得成功主要取决于承包商提供索赔事件的事实依据，即索赔证据，索赔证据之一就是人们常说的工程记录。对项目来说，保持完整、详细的工程记录、保存好与工程有关的个别文件资料是非常重要的。有了详细的工程记录，事先对各种可能出现的问题有所准备，有客观事实作为依据，就拥有主动权，就可有理有据地进行索赔，有理有据地反击甲方的反索赔。

（2）工程记录的要求。

1）真实性。工程记录必须是在实施合同过程中确实存在和发生的，必须完全反映实际情况，经得起对方推敲，虚假证据是违反商业道德的。工程记录应能说明事件发生的过程，应具备关联性，不能零乱和支离破碎，更不能自相矛盾。

2）及时性。工程记录是工程活动或其他经济活动发生时的同期记录或产生的文件，项目应做好能支持其随后提出索赔所必需的作为索赔理由的当时的记录，任何后补的记录和证据通常不能被认可。

（3）洽商记录。在施工中凡遇到影响成本、进度的技术问题，应及时向业主、设计、监理单位报告。设计变更需要通过洽商记录来反映发生的过程，以利于项目经理部进行索赔，有些设计变更还涉及返工等情况。

洽商记录可作为会议纪要的有益补充。在洽商记录中，应详细叙述洽商的过程、内容及达成的协议或结果。

（4）施工日志。

1）项目施工日志。施工日志是对工程施工全过程概括的记载，是重要的原始资料。在项目执行 ISO 9000 系列标准，使质量管理体系有效运行中，施工日志和质量体系各要素有机地结合，进一步显示了它对工程质量的形成和体系审核中不可缺少的积极作用。

施工日志，它是施工形成的重要轨迹，作为现场审核的依据是理所当然的，往往能帮助审核员寻找到质量体系有效运行的客观证据，查到比较真实的情况，同时，项目也能从中发现内部管理上的漏洞。

可以帮助上级管理部门较全面地了解施工情况，如施工进度、质量、安全、工作安排、现场管理水平等。因此，施工现场的施工日志记录是否完整、全面，反映了项目现场施工技术管理的水平。

项目施工日志根据竣工资料的要求，从开工之日起至竣工之日止逐日填写，日志所列栏目应逐日逐项填全。项目施工日志与其他工程、质量、体系文件规定的记录不同，它应是一部按时间顺序记载工程项目全程概况的流水账，其记载内容应高度概括、充分突出重点、关键问题，以达到有追溯、查寻和总结的目的。一般应选择以下内容：分部分项工程内容、施工日期、施工人员概况；技术交底与培训概况；对施工计划与调度概况；对工程质量起主要作用的材料来源与检验情况；对特殊工序和关键工序使用设备概况鉴定的记载；对技术工艺措施变更的记载；施工过程质量检验的概况；对不合格处理概况；工程验收、交付概况；其他特殊情况。

2）个人施工日志的主要作用有：①根据自己的岗位职责，记录自己应该做的工作内容；记录领导交办的事项和是否按照领导要求完成的记录，为领导检查工作提供依据；②记录每天完成的工程量，所投入的机械设备、人员、材料等，为核算提供依据，为项目成本管理提供依据；③记录每天机械实际定额，为分析机械设备人员是否达到应该达到的定额提供依据。根据工程计划和实际投入的机械设备人员，分析是否能满足工程计划要求和是否进一步采取措施，为工程进度管理提供依据；④记录施工中设计与实际不符的情况，为设计变更提供依据；⑤记录施工中是否达到规范要求，为资料整理、质量评定提供依据；⑥记录工程开工、竣工、停工、复工的简况与时间和主要施工方法、施工方法改进情况及施工组织措施，为以后撰写施工总结及施工论文提供依据；⑦记录新技术、新材料和合理化建议的采用情况及工程质量的改进情况，为以后 QC 成果提供依据。

3）个人施工日志的主要内容。总的原则是：记你应该做的事（岗位职责）；记你所应接收到、观察到的信息；记你做的事情；查你做的事情是否与你应该做的事情（岗位职责）一致；记你所思考到的问题。一般地，施工日志内容如下：①当天施工工程的部位名称、日期、气象，施工现场负责人和各工种负责人的姓名，现场人员变动、调度情况；②工程现场施工当天的进度是否满足施工组织设计与计划的要求，若不满足应记录原因，如停工待料、停电、停水、各种工程质量事故、安全事故、设计原因等，当时处理办法，以及建设单位、设计代表与上级管理部门的意见；③现场材料情况。例如，钢材、预应力材料品种、规格、数量、厂名、批号、目测钢材情况（如每捆钢筋是否均有标牌，是否生锈，生锈程度等）；④记录施工现场具体情况：a. 各工种负责人姓名及其实际施工人数；b. 各工种施工任务分配情况，前一天施工完成情况，交接班情况；c. 当天施工质量情况，是否发生过工程质量事故，若发生工程质量事故，应记录工程名称、施工部位，工程质量事故概况，与设计图纸要求的差距，发生质量事故的主要原因，应负主要责任人员的姓名与职务，当时处理情况，设计、监理、业主代表是否在现场，在场时他们的意见如何及处理办法；d. 详细记录当天施工安全情况，如某人违章不戴安全帽进入现场及处理意见。若发生安全事故，应记录出事地点、时间、工程部位，安全设施情况，伤亡人员的姓名与职务，伤亡原因及具体情况，当时现场处理办法，对现场施工影响，包括在场工人思想情绪的影响等；e. 收到的各种施工技术性文件、书面指令、口头指令，无论来自项目经理部内部还是外部单位；f. 现场技术交底与各种技术问题解决过程应做好详细记录；g. 参与隐蔽工程检查验收的人员、数量，隐蔽工程检查验收的始终时间，检查验收的意见等情况；h. 业主、监理、设计单位到现场人员的姓名、职务、时间，他们对施工现场与工程质量的意见与建议。

（5）工程影像资料。工程影像资料包括工程摄像、工程照片，能良好地再现工程现场情况、施工管理状况。

1）作用。作为能说明施工确切情况的重要辅助资料，工程影像的拍摄和保存很有必要，尤其是隐蔽工程、关键工序的施工过程、施工质量控制过程。工程影像的作用大致有：①记录工程经过；②确认使用材料；③确认质量管理状况；

④作为解决问题时的资料和证据。

2）工程影像的内容。要在施工组织设计中制订拍摄计划，摄影者必须充分了解工程项目，理解摄影的目的，在充分把握结构的类型、规模、使用材料的基础上，根据竣工资料、项目管理计划等方面的要求确定拍摄内容。

工程影像中，通常具备以下几个要素：日期、工序顺序、场所及施工环境、部位、标识、尺寸、施工状况等。为将以上各要素表示清楚，可借助黑板、卷尺等工具。

3）取景方法。工程影像基本上都不能再补拍，每次拍摄均须认真对待：①全景：一眼即能看清现场整体的进行状况；②局部：表现工程局部实施状况的照片，该点所处位置应能分辨清楚；③利用黑板、卷尺等工具时，黑板上必须记录以下内容：工程名称、建设方、监理方、拍摄日期、拍摄部位、分项工程（如"钢筋工程"）、规格和尺寸（如 400mm×800mm，主筋 Φ 25，箍筋 Φ 10@200）及施工状况等。照片中有黑板、卷尺时，其中的文字或刻度应能辨别清楚，取景时应注意黑板不要过大或过小。为使拍摄对象易于辨别，应清除其他可移动的物体，并应注意光线及阴影。

为正确判断被拍摄对象的大小，特别是当拍摄局部时，为正确表示被拍摄对象的大小、长短、粗细、形状，有必要加设卷尺。

5. 统计分析

统计技术是 ISO 9000 质量标准的基础之一。统计技术方法很多，常用的测量分析、调查表、头脑风暴法、水平对比法、分层法、排列图、因果图、对策表、树图、关联图、矩阵图、散布图、直方图、正态概率纸、过程能力分析、流程图、过程决策程序图、柱状图、饼分图、环形图、雷达图、甘特图、折线图、砖图、01 表、PDCA 法、控制图、抽样检验、假设检验、正交试验、可靠性分析、参数估计、方差分析、回归分析、时间序列分析、模拟、质量功能展开、数值的修约以及异常数值的检验和处理等多种统计技术方法。

应用统计分析技术对施工过程进行实时监控，科学地区分出施工质量、进度的随机波动与异常波动，从而对施工过程的异常趋势提出预警，以便及时采取技术措施、管理措施，从而达到提高和控制的目的，同时也可以有效控制成本。

随机波动是偶然性原因（不可避免因素）造成的。它对产品质量影响较小，在技术上难以消除，在经济上也不值得消除。异常波动是由系统原因（异常因素）造成的。它对施工质量影响很大，但能够采取措施避免和消除。

6. 工程监测

工程监测内容主要有：对结构物进行如应力、变形、位移、沉降、温度、表观变化等方面的监测，对临时结构安全指标、理论计算假定的监测，对影响工程质量、安全的环境因素的监测。

项目部要根据实施性施工组织设计（方案）所确定的监测任务及所要求的精确度，进一步设计监测方案。监测方法时应考虑其技术要求，确定监测的方法与步骤，包括监测点布置，观测时间与次数，观测精度及其评定方法。选定的仪器与观测点应与监测精度等技术要求相适应。

7. 材料代用

巧用材料代用，可产生一定的经济效益。作为工程结构组成的材料，代用必须经过设计单位同意并书面签证后，方可使用。

在临时工程施工方案设计前，应对库存积压材料、工具进行分析研究，从而进行充分利用。

四、图纸会审、洽商、变更与深化设计

1. 图纸会审与工程洽商

（1）图纸审查管理。

1）施工单位领取图纸后，应由项目技术负责人组织技术、生产、预算、测量、翻样及分包方等有关部门和人员对图纸进行审查。

2）图纸审查时应重点审查施工图的有效性、对施工条件的适应性、各专业之间和全图与详图之间的协调一致性等。

3）图纸审查应形成记录，由施工单位将参加图纸审查的各部门和人员所提出的问题按专业整理、汇总后，报建设（监理）单位，由建设（监理）单位提交给设计单位做设计交底准备。

4）图纸会审由建设单位组织设计、监理和施工单位技术负责人及有关人员参加。施工单位负责将设计交底内容按专业汇总、整理，形成图纸会审记录。

5）图纸会审记录应由建设、设计、监理和施工单位的相关负责人签认，形成正式图纸会审记录。不得擅自在会审记录上涂改或变更其内容。

（2）工程技术洽商管理。

1）项目在组织施工过程中，如发现设计图纸存在问题，或因施工条件发生

变化，不能满足设计要求，或某种材料需要代换时，可向设计单位提出书面工程洽商资料，请求设计单位予以答复。

2）工程洽商应内容翔实、具体准确，必要时可附图。对于原设计的变更处，均应详细标明相关图纸的轴线位置和修改内容，并逐条注明所修改图纸的图号。

3）设计变更洽商可由技术人员办理，水电、设备安装等专业的洽商由相应专业工程师负责办理。工程分承包方的有关设计变更洽商记录，应经工程总承包单位确认后方可办理，除非合同另有规定。

4）工程洽商内容若涉及其他专业、部门及分承包方，应征得有关专业、部门、分承包方同意后，方可办理。

5）洽商应有建设单位、监理单位、设计单位、施工单位项目负责人或其委托人共同签认后生效。设计单位如委托建设或监理单位办理签认，应依法办理书面委托书，才能由被委托方代为签认。

6）施工过程中增发、续发、更换施工图时，应同时签办洽商记录，确定新发图纸的起用日期、应用范围及与原图的关系；如有已按原图施工的情况，要说明处置意见。

7）各责任人在收到工程洽商记录后，应及时在施工图纸上对应部位标注洽商记录日期、编号、更改内容。

8）工程洽商记录需进行更改时，应在洽商记录中写清原洽商记录日期、编号、更改内容，并在原洽商被修正的条款上注明"作废"标记。

9）同一地区内相同的工程如需同一个洽商（同一设计单位，工程的类型、变更洽商的内容和部位相同），可采用复印件，但应注明原件存放处。

（3）工程技术洽商报审流程。工程技术洽商报审流程如图4-5所示。

2. 设计变更管理

设计变更是指设计部门对原施工图纸和设计文件中所表达的设计标准状态的改变和修改。根据以上定义，设计变更仅包含由于设计工作本身的漏项、错误或其他原因而修改、补充原设计的技术资料。设计变更和现场签证两者的性质是截然不同的，凡属设计变更的范畴，必须按设计变更处理，而不能以现场签证处理。设计变更是工程变更的一部分内容，因而它也关系进度、质量和投资控制。所以加强设计变更的管理，对规范各参与单位的行为，确保工程质量和工期，控制工程造价，进而提高设计技术都具有十分重要的意义。

设计变更应尽量提前，一般地，变更发生得越早则损失越小，反之，就越大。如在设计阶段变更，则只需修改图纸，其他费用尚未发生，损失有限；如果

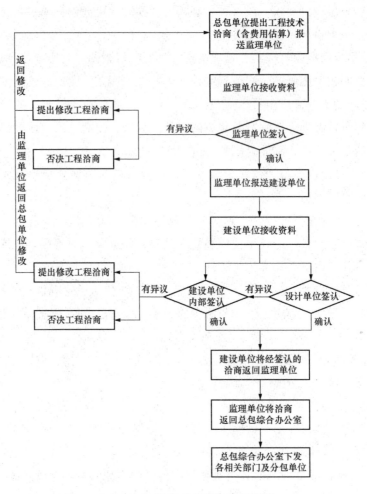

图 4-5　工程技术洽商报审流程图

在采购阶段变更，不仅需要修改图纸，而且设备、材料还须重新采购；若在施工阶段变更，除上述费用外，已施工的工程还须拆除，势必造成重大变更损失。所以，要加强设计变更管理，严格控制设计变更，尽可能把设计变更控制在设计阶段初期，特别是对工程造价影响较大的设计变更，要先算账后变更。严禁通过设计变更扩大建设规模、增加建设内容、提高建设标准，要使工程造价得到有效控制。

设计变更费用一般应控制在建筑安装工程总造价的 5% 以内，由设计变更产生的新增投资额不得超过基本预备费的三分之一。

（1）设计变更的类型及等级。

1）设计变更的类型主要有：①施工单位提出的设计变更；②业主或建设单位提出的设计变更；③监理工程师提出的设计变更。监理工程师根据施工现场的地形、地质、水文条件、材料、运距、施工难易程度及现场临时发生的各种情况，按照合理施工的原则，综合考虑后提出的设计变更；④工程所在地的第三方提出的设计变更。工程所在地的当地政府、群众或企事业单位为维护自己合法权益所提出的变更；⑤设计方提出的变更。设计单位对原设计有新的考虑或为进一步优化、完善设计所提出的设计变更。

2）设计变更的等级。按工程设计变更的性质和费用影响分类，设计变更分为重大设计变更、较大或重要变更、一般变更三个等级。

（2）设计变更的处理方式。工程量清单模式下设计变更的处理，不是预算定额模式下变更费用按计价时的定额标准简单加减的算术问题，它常常引起合同双方对增减项目及费用合理性的争执，处理不好会影响工程量清单计价的合理性与公正性，甚至引起双方在合同方面的争执，影响合同的正常履行和工程的顺利进行。因此，在工程量清单计价模式下，应重视工程变更对工程造价管理的影响，加强设计变更的管理。

工程设计变更内容经分析归纳，一般包括以下几个方面。

1）更改工程有关部分的标高、基线、位置和尺寸。

2）增减合同中约定的工程量。

3）增减合同中约定的工程内容。

4）改变工程质量、性质或工程类型。

5）改变有关工程的施工时间和顺序。

6）其他有关工程变更需要的附加工作。

从上述内容可知，对于一个工程项目而言，工程变更几乎是不可避免的。就工程承包合同的双方而言，建设单位为加强对现场工程量变更签证的管理，把投资控制在预定的范围内，防止因工程量变更引起投资增加，总力图让变更规模在保证设计标准和工程质量的前提下尽可能缩小，以利于控制投资规模。作为承包人的施工单位，由于变更工程总会或多或少地打乱其原来的进度计划，给工程的管理和实施带来程度不同的困难，所以，一方面向建设单位索要比建设单位自己提出的工程变更实际费用大得多的金额；另一方面则向建设单位提出能增加计量支付额度的工程变更，以追求企业经营的最大利润，尽量拿回合同价格范围内的暂定金额。因此对工程变更造价的处理往往成为合同双方争论的焦点和监理工程师处理合同纠纷的难点。根据以往的经验与教训，合同双方及合同的监理单位在处理工程变更时必须坚持公平、公正，严格合同管理的原则，运用灵活的方法进行工程变更的处理。

无论是哪一方提出的工程变更，都必须经过业主和监理工程师的审核同意，在变更指令上签署认可。变更设计必须在合同条款的约束下进行，任何变更不能使合同失效。变更后的单价一般仍执行合同中已有的单价，如合同中无此单价，应按合同条款进行估价，经监理工程师审定、业主认可后，按认可的单价执行。如果监理工程师认为有必要和可取，对变更工程也可采取以计日工计价的方法进行。

（3）设计变更的原则。

1）设计变更必须遵守国家及行业制定的技术标准和设计规范，符合业主和设计单位的有关规定和办法。

2）设计变更必须坚持高度负责的精神与严肃的科学态度，尊重施工图设计，保持设计文件的稳定性和完整性。在确保技术标准和工程质量的前提下，对于在控制或降低工程造价、加快施工进度、有利于工程管理等方面有显著效果时，方可对施工图设计进行优化与变更。

3）设计变更应立足于确保结构安全和耐久性，改善使用功能，合理控制造价和方便施工，保证施工质量和工期。

4）设计变更应本着节约原则，实事求是，严禁弄虚作假，严禁为经济利益而变更。

5）设计变更应与工程进度同步，不得事后补图。若遇特殊情况，按业主协调会议纪要先行施工，但应及时补办设计变更手续。

6）对未经业主批准的设计变更，一律不得实施。

7）任何设计变更申报及批复均以书面为准，无书面确认的设计变更，一律不得实施。

8）设计变更图表原则上应由原设计单位编制，少数特殊情况经批准也可由业主委托其他有相应资质的设计单位进行编制。

（4）设计变更的实施与费用结算。

1）设计变更实施后，由监理工程师签注实施意见，但应注明以下几点：①本变更是否已全部实施，若原设计图已实施后才发出变更，则应注明，因会涉及按原图制作加工、安装、材料费以及拆除费。若原设计图没有实施，则要扣除变更前部分内容的费用；②若因变更发生拆除项目，已拆除的材料、设备或已加工好但未安装的成品、半成品，均应由监理人员负责组织建设单位回收。

2）由施工单位编制结算单，经过造价工程师按照标书或合同中的有关规定审核后作为结算的依据，此时也应注意以下几点：①由于施工不当，或施工错误造成的，正常程序相同，但监理工程师应注明原因，此变更费用不予处理，由施工单位自负，若对工期、质量、投资效益造成影响的，还应进行反索赔；②由设计部门的错误或缺陷造成的变更费用，以及采取的补救措施，如返修、加固、拆除所生的费用，由监理单位协助业主与设计部门协商是否索赔；③由于监理部门责任造成损失的，应扣减监理费用；④设计变更应视作原施工图纸的一部分内容，所发生的费用计算应保持一致，并根据合同条款按国家有关政策进行费用调整；⑤材料的供应及自购范围也应同原合同内容相一致；⑥属变更削减的内容，也应按上述程序办理费用削减，若施工单位拖延，监理单位可督促其执行或采取措施直接发出削减费用结算单；⑦合理化建议也按照上面的程序办理，奖励、提成另按有关规定办理；⑧由设计变更造成的工期延误或延期，则由监理工程师按照有关规定处理，此处不再赘述。

凡是没有经过监理工程师认可并签发的变更，一律无效；若经过监理工程师口头同意的，事后应按有关规定补办手续。

（5）项目经理部的设计变更管理。作为施工方的项目经理部向业主所提出的设计变更要符合有关技术标准和规范、规程，符合节约能源、少占耕地、方便施工、能加快工程进度的原则，设计变更申请资料须包含变更理由、变更项目的施工技术方案、设计草图、变更的工程数量及其计算资料、变更前后的预算对照清单等。在报送变更申请资料之前，项目技术负责人应在现场就具体情况和监理工程师先行沟通。

在抗洪救灾及紧急抢修中所涉及的设计变更，当时无法履行设计变更审批手续，但应注意留存相应的影像资料，待抢险完成后马上按规定程序办理相关手续。

如果是业主发出的正规变更指令，索赔或计价时较易处理。当业主通过口头或暗示方式下达变更指令时，项目经理部应在规定的时间内发出书面信函要求业主对其口头或暗示指令予以确认。当由于工程变更导致工期延长或费用增加时，应及时提出索赔要求，并在规定的时间内计算工期延长或费用增加的数量，保证项目在各个环节上符合合同要求。这样，可使计量支付顺利进行，即使出现合同争议，在进行争议评审或仲裁时，也可处于有利地位，而得到应得的补偿。

3. 深化设计工作

（1）深化设计的重要性。随着建筑工程总承包"EPC"一体化进程的加快，国际投资商和业主越来越希望工程总承包商能够提供建筑产品全过程更为广泛的服务功能和技术实力。由于"EPC"管理模式最大的特点是实行设计、采购、施工一体化，把资源最佳配置结合在工程项目上，减少工程链环节，真正体现风险与效益、责任与权利、过程与结果的统一。因此，越来越多的特级资质总承包企业强调以兼具施工和设计能力提升企业的核心竞争力和品牌战略，"EPC"总承包管理模式可有效地控制工程项目的投资、质量和工期进度。

1）总承包企业在市场竞争条件下生存与发展的需要。市场竞争日趋激烈给施工企业生存和发展带来了严峻的挑战，施工企业必须有自己企业特色的技术实力和管理能力，才可保持企业的生机活力。

2）建设施工企业深化设计能力是弥补设计单位施工经验不足的需要。设计单位依据国家规范设计图纸时，设计方案对应的技术措施有时会有一定的延时性，因为所有的技术创新都是在实践中不断实时更新创造的，而施工单位恰好能凭借自己丰富的施工经验和深化设计能力更直接、更经济地实现设计者意图，为业主省建筑项目的投资。

3）建设施工企业深化设计能力是弥补设计单位对建筑材料市场了解不足的需要。施工单位是捕捉市场建筑材料产品变化的第一人，它对市场同类材料产品的价格、性能、施工难易度以及使用后的效果比设计单位掌握得更全面准确。因此，具备深化设计能力的施工单位更能为业主和设计单位提供可实现的合理化建议。

4）有利于优化、完善建筑工程各系统的设计，提高整个建筑行业的实用功能。施工图纸设计下移后，可以充分调动、发挥施工单位参与工程各系统设计的积极性，有利于将施工单位在实践中积累的优化系统、优化建筑材料、方便施工、方便维修保养的经验和教训提前运用到工程设计当中，使工程设计更完善、更具操作性，建筑环境更舒适。

例如，机电空调系统中的VAV变风量系统的设计，本意是希望根据建筑内空调负荷的实时变化，调整送风量，避免局部区域过冷或过热，同时节省能源。这种系统要顺利地实现使用功能，必须保证风速采样点的位置设置合理，后期的调试即风平衡、水平衡的调整也是关键，如果采样点的位置太远或太近或者不容易找到，那么整个系统就会传出错误的风量调整信号；如果后期的调整没有必要的可调节的阀门，那么系统调试就不易实现；很可能整个系统按变风量投资却只能实现定风量系统的功能。但是有经验的施工单位要是在实践中已摸索出了一些经验、教训，就可以在工程前期设计中避免类似问题的发生，从而更完美地实现整个工程的使用功能。

在建筑材料方面，施工单位也具有得天独厚的优势，与设计院相比，他们更了解各种材料和设备的优劣、经济性能比、供货周期、生产量、生产极限、操作的方便性等，更有利于保证施工工期，使系统设计更具有可操作性。

5）弥补了设计单位和施工单位之间的真空地带，有利于建筑工程管理。目前设计单位具有较强的设计计算能力，但也有一些设计院和大多数年轻同志缺乏施工实践经验，有意或无意地忽略对于施工现场很必要的施工详图的设计，如大型机房内管道支架图，竖井内详细的管道排布及安装图，机电系统各专业管线的布置不够合理，存在位置冲突等问题，而施工单位认为施工图纸设计本应是设计单位的责任，这样就不利于工程施工管理，而且现场会产生比较多的设计变更洽商，给建设单位带来一些经济上的问题和矛盾。

6）有利于规范建筑市场行为，完善建筑行业的管理。目前，很多建设单位在挑选承包商时，已经要求承包商具有施工图设计能力，而且很多施工单位也凭借这方面的技术优势赢得了市场份额，在工程中施行施工图的设计职能，但是由于没有相关的法规或管理办法，施工单位的施工图纸设计行为没有得到有效、合法的保护，为赢得市场份额，经常是免费承担了这种责任，不利于建筑行业的规范和管理。若原建设部有步骤地推进图纸设计下移这项工作，就会制定相应的法规和管理办法，那么深化设计方面便有法可依，建筑行业便会更加良性、健康地发展。

7）有利于建筑行业施工承包单位与国际的接轨。国际上一些知名的建筑承包单位都具有真正意义上的工程总承包的能力，尤其是具有工程设计能力，而我国施工承包单位在这方面还比较薄弱，加入 WTO 后，国外建筑公司进入中国市场，或者国外设计单位完成的工程设计都需要施工单位施工前先进行施工图设计，所以施工图纸设计下移，有利于提升施工承包单位的技术实力，有利于建筑工程施工承包单位的发展壮大。

（2）深化设计工作的主要内容。建筑工程承包在工程实施中涉及的深化设计主要包括结构、装修、机电三大部分。对于这三部分工作内容，根据近年来工程实施的情况，通过对设计图纸状况、深化设计内容两个方面进行分析比较，深化设计工作内容分析比较见表 4-2。

表4-2 深化设计工作内容分析比较

内容	结构工程	装饰工程	机电工程
设计院提供的图纸状况	混凝土结构工程： 通常设计院提供图纸能够满足结构施工需求，对梁柱节点、特殊的钢筋密集部位或劲性混凝土结构，对结构配筋进行详细设计。 钢结构工程： 设计院仅提供根据结构计算分析确定的主要结构构件断面、重要节点连接构造等影响结构受力的关键性图纸。工程实施需进行大量的加工图设计，包括对原设计不合理处进行必要的调整	大多数的设计院只提供装修初步设计图，实施中常常根据业主的需求另行设计完善细化，装修图纸的深化设计由装修专业分包商或总包商承担。 对于一些特别的公共建筑，设计院提供图纸详细程度可满足施工需求，对深化设计的需求不明显	通常国内设计院提供的机电图纸基本能满足机电各系统的施工需求，但和其他专业配合紧密的图纸，例如土建配合图、机电管线综合排布图、支吊架制作安装详图、吊顶末端器具排布图及机电与结构、幕墙等配合的大样图等，均需要施工单位进行深化。 此外，有外资背景的业主往往提供的机电图纸仅为概念图，需要施工单位中标后完成机电系统的施工图设计、施工图深化设计及相关的图纸报审工作
深化设计内容	混凝土结构工程： 1. 梁柱节点、转换梁等配筋密集部位节点放样、细化； 2. 机电预留洞口布置； 3. 幕墙预埋件布置（由幕墙专业承包商提供）。 钢结构工程： 1. 结构体系建模分析； 2. 构件、节点优化归并； 3. 加工图设计	1. 依据业主要求对原设计方案的调整； 2. 装修详图设计，主要包括大堂、电梯厅、卫生间、会议室的地面、墙面、顶棚分格详图设计，大多由装修专业承包商完成	国内一般机电工程： 1. 土建配合图； 2. 机电管线综合排布图； 3. 支吊架制作安装图； 4. 吊顶末端器具排布图； 5. 大样图等。 外资背景工程： 1. 完善机电系统的施工图设计； 2. 完成机电系统的施工图深化设计

（3）项目深化设计组织机构。工程设计是百年大计，关系人民生命财产的安全，容不得半点马虎，设计单位在设计计算能力方面明显优于施工单位，是经过各级政府机关审核批准的有资质的单位，而施工单位的优势仅在于施工操作经验上，所以工程的方案设计必须由设计单位负责，施工单位的深化设计也要遵循严格的审核、审批制度，在工程设计的原则性方面必须服从设计单位的要求，对设计方案进行原则性的更改时必须得到设计师的同意，所有的施工图应得到设计单

位的审批，方可投入施工。项目深化设计组织机构图如图 4-6 所示。

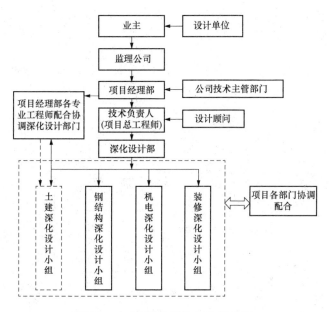

图 4-6　项目深化设计组织机构图

（4）深化设计工作管理。

1）技术文件的传递方式，始终以总承包方项目经理部为中心，做到所有技术文件准确无误传递至各单位，主要表现在如下方面：①接受由业主和设计院发放的所有技术文件、图纸和变更等；②接受项目经理部内部各有关其他部门、其他分包单位等应考虑的相关技术措施，协调制定解决问题的方案；③向深化设计负责单位或加工制作厂传递技术文件，部分技术文件应审核后传递；④向总承包方项目经理部内部各有关部门、其他分包单位和结构计算单位等传递相关技术文件；⑤向业主、设计院、监理提交经审核的深化设计图纸。

2）快捷地进行技术问题沟通，采用深化设计单位或加工制作厂与设计院可直接沟通的方式，沟通内容局限为加工图的技术问题，但所有沟通的内容应由深化设计单位或加工制作厂以文件形式报送总承包项目经理部，文件格式由项目经理部统一确定。

3）保证深化设计质量，采用"自校、互校、初审、审核、审定"（二校三审）的层层校审方式；深化设计单位或加工制作厂负责进行节点设计和深化设计图绘制，进行校正和初审；项目经理部对提交的图纸进行审核；最后，提交设计院进行审定。

（5）深化设计流程。

深化设计管理由深化设计部门负责，工作流程如图4-7、图4-8所示。

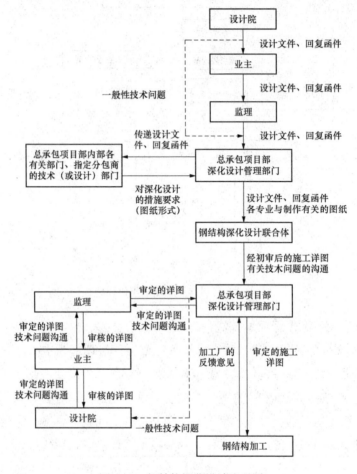

图4-7　钢结构深化设计流程图

（6）深化设计图纸管理。

1）深化设计图纸采用分阶段管理的办法，有计划、有步骤地组织深化设计工作，并根据各专业设计协调重点，进行全过程的技术监督。

2）除土建专业外，其他各专业深化设计图纸均由有设计资质的专业分包单位按照出图计划完成，经内部审核后交项目经理部相关专业深化设计组，各组长组织深化设计图纸的审核，包括与其他专业的配合协调等。如审核不合格，退回分包商修改后重新送审。

3）经理部审查合格的施工深化图和文件，上报监理单位审批，监理单位负

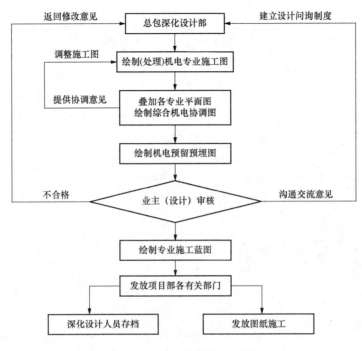

图 4-8 机电深化设计流程图

责上报建设单位审批,建设单位则组织内部及设计单位同时审查深化设计图纸。深化设计的审核意见逐级返回,项目部相关专业深化设计组根据审查意见再次组织深化设计的修改报审,直至审批通过。

(7) 深化设计图纸送审工作内容。

1) 深化设计综合图。

①按工程进度呈交承包合同范围有关系统的深化设计施工图。有关图纸内容将包括平面、立面和剖面图及系统图、原理图。送审图纸须向设计院、业主及当地相关政府部门分别送审,见表 4-3。

表 4-3 深化设计图纸送审表

致:		收件人	
		最迟返回日期	
自:		提交人	
		提交日期	
新提交□	重新提交□		
图纸内容:			

我们请贵方对以下技术文件进行审批：
1A 版
2A 版
3A 版
4A 版
5A 版
6A 版
7A 版
8A 版
9A 版
10A 版
审批意见：
审批人签名：　　　　　日期：　年　月　日

②有关图纸经各审批单位初步批阅后，综合有关意见并加以修改，然后再安排送审，直至图纸获批准为止。图纸获批核后，将分送业主、设计单位、工地等单位作为施工记录和验收之用。同时，须以电脑软件档案（AUTOCAD 格式）储放在光碟（CDROM）上送交各单位。

③施工图经批核后，向负责绘制综合设施施工图的承包单位送上图纸及光碟各一份，以作绘制综合设施施工图之用。

④所有图纸均需有正式的图签并应标明项目、工程合同及有关图纸的名称、图号、最新修改号及修改内容、日期和图示比例。呈交系统示意图的同时，亦应提供必要的辅助资料以描述各设备的功能和操作。按照有关图纸审批的精神，图纸送审一般只做原则性批核，须有关图纸所示系统经过正式检测完满后，才作为最后批核。

2）送审图基本要求。

①图框：注明所参考的相关图纸的图号、图名、版号及出图日期，图纸项目名称、专业名称、系统名称、图纸序列号。

②图纸版号：升级顺序为 A、B、C、D…。

③图纸所使用的图纸型号和比例表，见表 4 - 4。

表 4-4　　　　　　　　　　选用图纸型号和比例表

图纸	图纸型号	比　　例
综合平面图	A0	1∶100；1∶150；1∶200
综合剖面图	A1	1∶50
机房大样图	A1	1∶50
机电各专业平面及剖面	A0	1∶150～1∶100
系统流程及示意图	A1	无
装置大样图	A2	1∶50～1∶10

④每一项设计或图纸送审时，内容应包括：图号和最新修正编号；图纸名称；送审日期；修正编号。

⑤设计院、工程师及其他审批单位应有足够时间审查图纸，以确保图纸能够配合工程进度准时呈交，一般所需的审批时间，见表 4-5。

表 4-5　　　　　　　　　　图纸审查审批时间表

初次呈交予建筑师或其他审批单位审图	三星期
再呈交重审	两星期
呈交作正式批准	一星期

五、工程施工检测试验

1. 施工现场试验管理

（1）现场试验室应按工程规模配备不少于 1 名专职试验员，专职试验员应持有市建委颁发的试验上岗证。现场试验工应经过培训，考核合格后持证上岗，无证人员不得从事现场试验工作。现场试验工作应由项目技术部门领导。

（2）现场试验室可负责原材料和砂浆、混凝土试块的送试及简易的土工、砂石试验等。现场试验室自行试验的项目，应经上一级主管部门审查批准、备案。原材料试验工作流程如图 4-9 所示，施工试验管理流程图如图 4-10 所示。

（3）施工现场应按工程规模建立能满足要求的现场试验室，按需设置标准养护室或标准养护箱。标准养护室应符合有关规定的要求，应具备温湿度控制装置和喷淋装置，冬期施工期间应设置控温加热水箱，禁止使用电炉加热及壁挂式电热器。

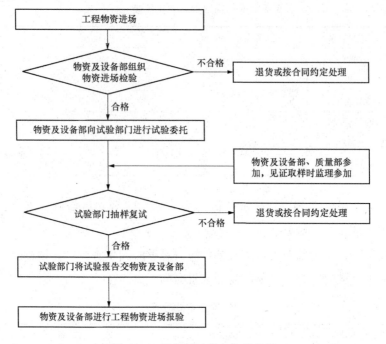

图4-9 原材料试验工作流程图

（4）应根据工程试验的需要选择配备天平、案秤、坍落度筒、烘干电炉、砂浆稠度、卡尺、钢板尺、温度计、湿度计等试验设备，所用设备应按照计量管理规定进行检定，检定合格方能使用。

（5）现场试验室应有完善的岗位责任制度、计量器具和试验设备管理制度、养护室管理制度及试验人员培训制度。

（6）单位工程施工前，应由项目技术员与试验员结合工程进度编写工程试验计划，包括见证取样和实体检验计划。当施工进度计划或材料变更等情况发生时，应及时调整试验计划。

（7）现场试验员应按试验计划取样送检，各种材料取样和样品的制作应符合相关规定，确保样品的真实性和可靠性。

（8）试件送试后，应及时取回试验报告，对不合格项目应通知项目技术负责人，并按有关规定处理。

（9）现场试验室应建立的台账与记录包括以下内容。

1）按照不同品种分别编号建立原材料送试台账。

2）按照单位工程建立混凝土试块台账。试块编号应连续，不得重号、漏号。

3）计量器具试验设备台账和检定记录。

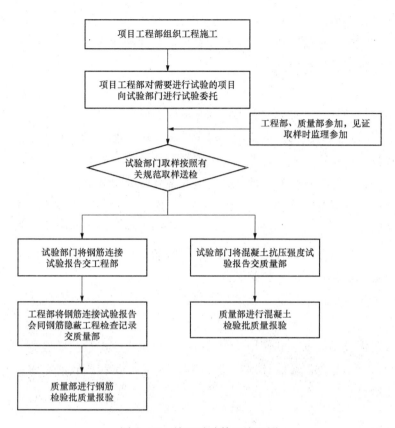

图 4-10 施工试验管理流程图

4）砂、石含水率检测记录。

5）坍落度测定记录。

6）养护室温湿度测定记录。每日上、下午应各测定一次，并应记录测定时间、测定值、检测人签字。

7）现场自检回填土干密度试验记录。

8）大气测温记录。

上述各种记录应字迹清晰，不得随意涂改，现场检验试验的原始数据不得改动。

2. 有见证取样管理

（1）施工单位的现场试验人员应在建设单位或工程监理人员的见证下，对工程中涉及结构安全的试块、试件和材料进行现场取样，送至有见证检测资质的建筑工程质量检测单位进行检测。

（2）有见证取样项目和送检次数应符合国家和本市有关标准、法规的规定要求，重要工程或工程的重要部位可增加有见证取样和送检次数。送检试样在施工试验中随机抽取，不得另外进行。

（3）单位工程施工前，项目技术负责人应与建设、监理单位共同制订有见证取样的送检计划，并确定承担有见证试验的检测机构。当各方意见不一致时，由承监工程的质量监督机构协调决定。每个单位工程只能选定一个承担有见证试验的检测机构。承担该工程的企业试验室不得担负该项工程的有见证试验业务。

（4）见证取样和送检时，取样人员应在试样或其包装上做出标识、封志。标识和封志应标明样品名称和数量、工程名称、取样部位、取样日期，并有取样人和见证人签字。见证人员应做见证记录，见证记录列入工程施工技术档案。承担有见证试验的检测单位，在检查确认委托试验文件和试样上的见证标识、封志无误后方可进行试验，否则应拒绝试验。

（5）各种有见证取样和送检试验资料必须真实、完整，不得伪造、涂改、抽换或丢失。

（6）对涉及结构安全和使用功能的重要分部工程应进行抽样检测，并应按照各专业分部（子分部）验收计划，在分部（子分部）工程验收前完成。抽测工作实行见证取样。

六、工程施工测量、计量

1. 测量工作管理

（1）施工测量工作内容。建筑工程的施工测量主要包括工程定位测量、基槽放线、楼层平面放线、楼层标高抄测、建筑物垂直度及标高测量、变形观测等。

（2）组建项目测量队。项目经理部组建后，应尽早成立项目测量队。项目技术负责人负责组建工作。测量队隶属于项目经理部的技术部门，属项目经理部管理层机构编制。项目经理部的分部或工点及有条件的项目经理部操作层，可根据工程需要成立测量组，测量组在测量业务上归项目经理部测量队领导。不设测量组的项目经理部，测量队应承担测量组的测量工作。项目测量管理体系图如图4-11 所示。

测量队、组的人员数量必须满足施工需要。测量队队长应具有土木工程专业助理工程师以上职称、从事测量工作 3 年（测量专业毕业的 2 年）以上的技术人员担任。负责仪器操作的人员必须持有测量员岗位证书，其他测工应经基本技能

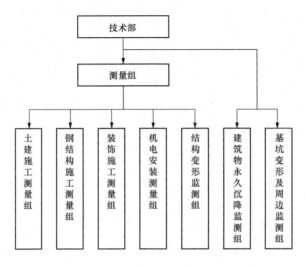

图 4 - 11　项目测量管理体系图

培训合格后上岗。

（3）施工测量仪器。测量队、组的测量仪器与工具配置应符合工程施工合同条件的要求，应根据工程种类配备必要的技术规范、工具书和应用软件。测量仪器、工具必须做到及时检查校正，加强维护，定期检修，使其经常保持良好状态。周期送检的测量仪器、工具应到国家法定的计量技术检定机构检定，测量队负责仪器、工具的送检工作。

（4）重视测量工作。

1）施工测量依据文件主要有：①施工测量前应具有建设单位提供的城市规划部门测绘成果、工程勘察报告、施工设计图纸及变更文件、施工场区管线及构筑物测绘成果等资料；②与施工测量有关的施工设计图纸及变更文件应包括建筑总平面图、基础平面图、首层平面图、地上标准层平面图及主要方向的剖面图；③施工测量人员应全面了解设计意图，对各专业图纸按《工程测量规范》（GB 50026—2007）要求进行审核，并应及时了解与掌握有关的工程设计变更，以确保测量放样数据的准确可靠。

2）施工测量场地条件。要做好施工测量工作，项目技术负责人要督促测量人员树立精确细致、严肃认真的科学态度，了解测量工作在工程中的重要性。重点做好平面坐标、高程等测量数据的计算，做到有计算就必须有复核，确保数据的精度和准确性。实际工作中要熟练掌握仪器操作和测量的方法，对不同的测量对象选用不同的方法及精度要求来进行控制，确保结构物的几何尺寸和线形准确。应尽可能推广应用先进的新技术和新设备，在保证精度要求的前提下提高工作效率。重点注意：①施工场地布置应符合施工组织设计或施工方案要求，保证施工测量工作要求通视条件；②施工测量场地内的各种测量点应采取有效的保护措施，标识要准确、清楚和醒目，严禁盖压、碰动和毁坏。竣工后仍需保存的永久性场区控制点、高程点应按照《建筑工程施工测量规程》中的相关规定执行；③设在变形区域内的控制桩要采取相应的加固措施，防止由于地基变形对桩位产生不利影响。

任何施工项目都需要测量工作的密切配合，特别是结构复杂、质量标准高、施工难度大的工程项目，更需要测量工作的有力支持。测量工作的好坏，直接影响到工程的进度与质量乃至经济效益的发挥。

项目技术负责人要认识到测量工作对工程质量、进度及工程成本控制的重要性。在工程施工中，测量工作必须先行，只有将设计点位测设于实地后，工程施工才能开始进行，这对工程的进度有着决定性的影响。

项目经理部应当重视测量工作，加强领导和监督。根据测量队的工作特殊性，为其创造良好的工作和生活条件，保证必要的交通、后勤服务。

（5）施工测量定位依据点及水准点。

1）施工测量定位依据点及水准点主要包括建设单位为施工单位提供的城市导线点、拨地桩、道路中线桩、拟建建筑物角点、原有建筑物（几何关系）、高程控制点、临时水准点等测量起始依据。

2）施工测量定位依据点及水准点交接工作应在技术部门收到设计文件并具备相应条件后进行。交接工作应在建设单位主持下，由建设、设计、监理和施工单位在现场进行。进行桩点交接时相应的资料必须齐全，一切测量数据、附图和标志等必须是正式、有效、原始文件。

3）建设单位提供的标准桩应完整、稳固并有醒目的标志，施工单位接桩后，必须对标准桩点采取有效的保护措施，做好标识，严禁压盖、碰撞和毁坏。

4）交接桩工作办理完毕后，必须填写交接桩记录表，一式四份，建设单位、监理单位、项目部和测量员各一份。

5）接桩后由测量队（组）对桩点进行复测校核，发现问题应提交建设单位、规划单位或上级测绘部门解决。校核内容包括桩点的高程、边长、方向角、坐标及非桩点定位依据的几何关系。复测记录应保存。

6）对于建筑单位提供的钉桩通知单或其他原始数据应进行校算，内容包括坐标反算、几何条件核算、定位和高程条件依据的正确性校对、施工图中各种几何尺寸的校核等。起始定位依据必须是唯一确定建筑物平面位置和高程的条件，若有多余定位条件并相互矛盾时，应与建设方及监理协商，在保证首要条件的前提下对次要条件进行修改，对于建筑物定位和高程有关的变更必须有建设方书面确认。

（6）加强测量成果的校核。测量成果不允许有任何差错，否则将造成重大的经济损失，在工程质量和进度上也将造成难以挽回的不利影响，这就要求施工过程中对测量成果的校核工作要及时，走在施工的前头，以保证施工的顺利进行。对隐蔽工程，测量成果的校核更要仔细、全面。测量工作必须严格执行测量复核签认制，以保证测量的工作质量，防止错误，提高测量工作效率。

测量工作是一项精确、细致的工作，贯穿于整个施工过程中，要求项目技术负责人自始至终均给予高度重视，不能有半点马虎和懈怠。对测量人员的管理，仪器的保管与操作，测量的方法与程序等，都要从制度上加以完善，建立一套项目工程测量的规章制度，并形成测量成果的校核和复核体系，以确保工程的质量和进度满足要求，杜绝测量事故的发生。

测量外业工作必须有多余观测，并构成闭合检测条件。控制测量、定位测量和重要的放样测量必须坚持采用两种不同方法（或不同仪器）或换人进行复核测量。利用已知点（包括平面控制点、方向点、高程点）进行引测、加点和施工放样前，必须坚持"先检测后利用"的原则。

（7）施工测量放线的实施。

1）测量工作的程序和原则。测量工作从布局上按"由整体到局部"，逐级加以控制。在程序上按"先控制后碎部"的原则进行，即先完成控制测量，再利用控制测量的成果进行施工放样。在测量精度上，遵循"由高级到低级"的原则，控制测量的精度要求高，施工放样的精度相对较低。

工程项目要积极推广使用各种先进的测量仪器和现代化的测量方法，以提高测量精度和工效，满足施工需要。

2）施工测量方案与技术交底：①建筑小区工程、大型复杂建筑物、特殊工程的施工均应按《建筑工程施工测量规程》中有关"施工测量方案的编制"的要求编制施工测量方案；②施工测量方案由测量专业人员会同技术部门共同编写，可以分阶段编写，但应保证在各阶段施工前完成；③施工测量方案编制完毕后，应由施工单位的技术、生产、安全等相关部门会签，由技术负责人进行审批；④施工测量方案审批后，应进行施工测量交底。

3）施工测量放线的实施：①施工测量各项内容的实施应按照方案和技术交

底进行，遇到问题应及时会同技术部门进行方案调整，补充或修改方案；②施工测量中必须遵守先整体后局部的工作程序。即先测设精度较高的场地整体控制网，再以控制网为依据进行局部建筑物的定位、放线；③施工测量前必须严格审核测量起始依据（设计图纸、文件、测量起始点位、数据）的正确性，坚持测量作业与计算工作步步有校核的工作方法；④实测时应做好原始记录。施工测量工作的各种记录应真实、完整、正确、工整，并妥善保存，对于需要归档的各种资料应按施工资料管理规程整理及存档；⑤每次施工测量放线完成后，按施工资料管理规程要求，测量人员应及时填写各项施工测量记录，并提请质量检查员进行复测。

（8）施工中的变形观测。

1）规范或设计要求进行新建建筑物变形观测的项目，由建设单位委托有资质的单位完成，施测单位应按变形观测方案定期向建设单位提交观测报告，建设单位应及时向设计及土建施工单位反馈观测结果。

2）施工现场邻近建（构）筑物的安全监测、邻近地面沉降监测范围与要求由设计单位确定，并由建设单位委托有资质的单位完成，施测单位应按变形观测方案定期向建设单位提交观测报告，建设单位应及时向设计及土建施工单位反馈观测结果。

3）护坡的变形观测及重要施工设施的安全监测由专业施工单位确定和完成，并应编写变形观测方案，及时整理观测结果，保证施工中的安全。

（9）施工测量工作应注意的问题。

1）周密安排，注重测量程序。根据单位、分部、分项工程直到具体工序，从整体上做好周密计划，分清主次与轻重缓急，安排组织好每一个施工测量的环节，使放样工作和施工工序紧密衔接。在测量放样布局上，按照"由整体到局部"的程序逐级加以控制。

2）加强图纸与放样数据的审核工作，重视放样成果的现场检查。全面阅读与审核设计图纸，尽早发现设计错误并处理。放样的计算数据要指定专人核对，测量完成后要对放样成果用不同的方法当场检查，以免因疏忽大意或意外因素造成不必要的测量质量事故。

3）认真做好记录，保存好测量资料。施工测量中必须认真做好记录，连同放样资料一起保存。使用全站仪时要及时传输并储存数据，以防丢失。

4）测量仪器的使用与保管。使用仪器之前应认真阅读使用说明书，确保仪器的正确使用。严格按照操作规程工作，重视工地现场环境下的仪器保护，在仪器的搬运过程中要防止碰撞及震动。仪器装箱的位置要正确，关箱后扣好。

测量仪器必须有专人保管，不得随意拆卸仪器。平时应保持仪器干净清洁，防止暴晒、雨淋和受潮。

5）测量安全。对测量人员要进行安全教育，组织学习安全操作规程，严格执行"安全第一，预防为主"的方针。具体要强调以下几点：①进入施工现场必须戴安全帽，水上作业必须穿救生衣；②仪器架设后操作人员不得离开仪器，在路边架设仪器需有专人保护，设交通标志；③严禁塔尺、花杆等测量器具触碰空中和地面上的电缆，特别是裸露电缆；④注意施工现场各种交叉作业可能引起的安全问题，上支架测量需设置人行梯。

6）环境保护施工测量中要注意环境保护，废弃的木桩、油漆桶和记号笔等不得随地乱扔，应按照当地的环保规定统一处理。

2. 计量工作管理

（1）计量工作的重要性。计量是实现单位统一、量值准确可靠的测量活动，是现代化建设中一项不可缺少的技术工作的基础，计量检测工作是实现企业管理现代化和提高企业素质的最基本的条件。

近年来，国外经济发达国家把优质的原材料、先进的工艺装备和现代化的计量检测手段视为现代化生产的三大支柱。其实，优质原材料的制取与筛选、先进工艺装备的配备与流程的监控也都离不开计量检测。国外先进生产线的产品品质高，残、次品很少或几乎没有，其中重要的因素就是充分利用了在线测量与监控技术，以现代化计量检测手段作为其技术保证。

建立完备的计量检测体系，是企业加强科学管理，加快技术进步的重要保证。没有先进、科学的计量检测手段，就不可能生产出高质量的产品。企业计量工作贯穿企业生产经营活动的全过程，为新产品开发、原材料检验、生产工艺监控、产品质量检验、物料能源消耗、安全生产、环境监测、成本核算等提供准确可靠的计量数据。企业的计量技术素质和先进的计量检测设备是保证计量数据准确可靠的基础。

加强计量管理，有利于提高产品质量，提高企业经济效益。对企业计量工作的漠视，已经成为影响我国中小企业提高产品质量和产品科技含量的一个重要因素。

计量检测工作是整个工业企业素质和管理现代化的最基本条件，更是企业生存和发展的基础。充分发挥计量检测工作在提高质量、降低消耗、增进效益、保证安全生产等方面的作用，可为提高产品质量的总体水平提供可靠的保证。

（2）项目经理部的计量管理工作。项目经理部的计量工作是三位一体管理体系的一个重要组成部分，必须予以高度重视。要将直接用于施工和间接为施工服务的检验、测量和试验设备置于有效的管理和控制之下，通过对施工工艺、质量、安全、环保、能源、经营各环节的计量检测数据的管理，为安全生产、保证工程质量和提高经济效益提供可靠的依据和保障。

为使项目的计量工作沿着标准化、规范化、科学化的轨道发展，应按以下要求进行。

1）设置项目计量管理机构。由项目技术负责人直接领导计量工作，在试验室设置项目的专职计量员，另在各职能班组设置兼职人员配合项目计量员工作，具体工作落实到人，职责明确，形成完整的项目计量管理体系。

2）制订项目的计量管理制度。明确计量管理体系各岗位人员的工作职责要求，规定计量器具的管理、使用、检定、维护和保管办法，使计量工作做到有章可循，为规范项目的计量工作奠定良好的基础：①计量器具流转制度，内容包括计量器具购置、验收、保管、配备使用、定期检定、标识、维护保养、封存、限制使用、报废处理等；②计量技术档案和文件资料、器具档案管理制度，包括存档内容及存档年限；③合格检测数据处理、事故处理、计量纠纷和仲裁制度；④计量技术机构管理制度（计量检定室）；⑤各级人员岗位责任制；⑥计量监督、检查制度；⑦计量培训制度。

3）对项目计量人员进行岗位培训，取得资格证后再安排上岗。为保证项目计量工作的连续性和稳定性，中途不得更换计量员。同时，在项目内开展计量技术的培训和学习，贯彻落实计量的法律、法规及上级管理制度，提高计量人员的法制意识和业务水平。

4）加强计量器具的管理工作，特别要抓好强检计量器具的管理，确保其受检率达到100%。严格执行计量器具流转制度，使计量器具从申购计划、入库检验、登记、立卡、周期检定到降级、停用直至报废等各个环节均处于受控状态，同时对所有在用的计量器具的台账和周检计划实行微机管理，以提高工作效率，保证施工安全和避免计量检测错误。

5）严格控制对外协、分包、联合体队伍的计量器具管理，并建立相应的管理制度。

（3）项目技术负责人的计量管理工作职责。

1）领导项目各部门贯彻实施国家计量法律法规，严格执行局和所属公司（处）的计量管理制度，积极推行使用国家法定计量单位。

2）根据业主和生产经营的需要，审核计量器具的购置计划。

3）审批项目年度计量器具送检计划，保证所有在用的计量器具均能按周期进行检定。

4）根据施工生产和经营管理的需要，建立相应的项目计量工作制度：①计量器具流转制度；②计量器具使用、保管、维修制度；③计量器具校准、溯源制度；④专（兼）职计量员岗位责任制度；⑤计量资料（包括账、卡、历史记录等）使用与保管制度。

5）指导计量人员进行培训取证。

（4）项目计量检测设备的管理。

1）项目计量检测设备管理包括计量检测设备配备计划、采购、校准、标志、维护保养、封存、启封及报废。

2）项目经理部应根据上级的要求和实际需要，编制计量检测设备购置计划，应保证所选择的计量设备的计量性能能满足预期使用的要求，为施工、经营或服务提供计量保证，主要环节如下：①项目计量管理机构对使用部门提出的申请采购计量器具的计划进行评审，审查其测量范围、准确度、功能等是否满足测量参数的需要，防止错购、重复购置，避免经济损失；②入库检验。新购置的计量检测设备，必须经过首次检定校验，合格后办理入库手续，不合格应进行退货处理；③建账登记发放。使用部门领取计量器具时，要经计量部门对每件计量器具进行建账登记、编号、贴上标志、确定检定（校准）周期后发放。

3）所有计量检测设备，均应按国家和上级确定的周期送法定单位进行检定校准，并应在检定校准之前准备好替代的计量检测设备，以保证现场工作的连续进行。A、B、C类计量器具的划分及管理要求如下：

A类：

①国家计量法律、法规规定的强制检定的计量器具。

a. 最高计量标准器具。计量标准器具是指准确度高于计量基准（统一全国量值最高依据的计量器具），用于检定其他计量器具或工作计量器具的计量器具。包括社会公用计量标准器具、部门计量标准器具和企事业单位计量标准器具。企业按《计量标准考核办法》考核合格的计量标准器具就是企业的最高计量标准器具。

b. 用于贸易结算、安全防护、医疗卫生、环境监测四个方面并列入强检目录的工作计量器具，如压力表、瓦斯计、粉尘测量仪等。

此类计量器具属于强制检定的计量检测设备，必须按规定的周期送往项目所在地区技术监督局进行强制检定。所在地区技术监督局不能承担的强检项目，应报所在省、市技术监督局协调落实。

②生产、经营活动中关键测量过程使用的计量器具。

a. 生产工艺过程中用于检测关键参数的计量器具，如张拉千斤顶压力表、全站仪等。

b. 进、出的能源计量器具，如电度表、油量表等。

c. 进、出的物料计量器具，如混凝土及沥青拌和站的称重计量器具。

此类计量器具在管理上的要求是根据使用部位的不同需求确定合理的检定周期（原则上不超过检定规程规定的检定周期），按时进行检定。

B类：用于内部经营核算，进行工艺控制、质量检测等生产、经营活动中非关键测量过程使用的对量值有一定准确度要求的计量检测设备，如万能材料试验机、混凝土压力机、台秤、架盘天平、游标卡尺等。

此类计量器具属于非强制检定的计量检测设备，可根据就近、就地、方便生产、方便管理的原则自主送国家法定计量检定机构和经批准授权的计量检定机构检定。

C类：生产、经营活动中对测量准确度要求不高的性能稳定、结构简单、低值易耗的一般计量器具，包括生产设备和装置上固定安装不易拆卸的计量器具，以及国家规定标有CCV标志（全国统一的首次强检标志）的计量器具。如电流表、电压表、时间继电器、盒尺、水平尺、量杯等。

此类计量器具属于进行外观检查和比对校验的计量检测设备，应按局或公司主管部门制定的校验规程，由专（兼）职计量员进行校验，并保存校验记录。

4）计量检测设备的日常管理。主要包括：①计量职能部门必须保存计量检测设备的目录和校准资料。资料应包括计量检测设备的类别、型号、购置日期和厂家、编号、精度以及校准周期台账和计量检测设备的抽检记录等；②凡校准合格的计量检测设备应粘贴彩色标志，以证明该计量检测设备的状态处于允许的精度之中，并在该标志上注明下次检定校准的日期；③使用部门必须按计量检测设备技术文件的要求进行使用、维护和保养，严禁私自拆修。精密、大型、贵重检测设备，必须指定专人保养、维修、使用，严禁无关人员私自动用；④使用部门在操作使用过程中发现不合格的计量检测设备，应立即停止使用，隔离存放，标示明显的标志，并上报项目技术负责人。不合格的计量检测设备在不合格原因排除后，并经再次校准后才能投入使用。若经检定，计量检测设备的精度达不到原等级时，可降级使用，降级使用的计量器具必须经检定部门认可，粘贴"限用证"标志；⑤计量检测设备超过三个月不使用时，应由使用部门提出申请，报公司主管部门审批后予以封存，并按规定做好封存记录。封存的计量检测设备未按规定办理启用手续，不得投入使用；⑥精密、大型、贵重计量检测设备（如全站仪、万能材料试验机等）需要报废时，应经法定检定机构校准出示报废证书后，方可报废。其他计量检测设备需要报废时，应由使用部门提出申请，经公司主管部门批准后方可报废。报废的计量检测应由公司主管部门统一提出处理意见，严禁流入施工生产中使用。报废的计量检测设备应做好记录，项目计量职能部门应及时销账。

（5）计量数据检测的管理。主要有：①项目部应按施工质量验收规范、施工技术规范、规程和业主的有关规定做好工程质量、安全、环保、能源、物资等计量检测工作，保管好计量检测数据和原始记录；②计量检测数据包括工艺质量、安全、环保、能源、经营管理等方面的数据。工艺控制、质量检测、物料及能源的计量检测数据的管理均由各项目对口部门自主完成；③在操作使用过程中，当发现计量检测设备处于失准状态时，项目技术负责人必须组织对以前的检验、试验结果和计量数据等进行追溯，对其有效性进行评定，采取必要的改正措施；④各项计量检测数据，必须真实准确，记录完整、字迹清楚，符合有关规定；⑤各项计量检测数据，应按要求及时报送上级主管和相关主管部门；⑥对计量检测数据，应做好统计分析工作，并根据对计量检测数据的分析，及时采取合理的管理措施，对工程项目的各项工作进行有效的控制。

（6）对外协、分包、联合体队伍的计量器具管理。主要有：①必须把对外协、分包、联合体队伍的计量管理纳入项目总的管理中，使其计量检测设备和检测工作处于有效控制之中；②外协、分包、联合体队伍用于工艺、质量检测的计量检测设备的目录和周期检定台账，应报项目部，以备项目部对分包方的检查监督使用；③项目部应按公司对计量检测设备和计量检测的管理规定，定期对外协、分包、联合体队伍的计量工作进行检查，发现问题及时纠正；④若发现外协、分包、联合体队伍不按有关规定执行，并造成检测数据不准确的，将由其承担一切责任，并根据具体情况对其处以一定金额的罚款。

七、分包单位技术管理

1. 专业化施工队的技术管理体系

专业化施工队应完全按照项目经理部技术管理体系的模式建立自己的技术管

理体系，对上建立与项目经理部技术管理体系的接口，对下落实到每个现场施工人员。

（1）项目技术负责人在审批专业化施工队的技术管理体系时，应着重审核以下内容。

1）与项目经理部的技术管理体系接口是否顺畅。专业化施工队不得直接与业主、监理机构进行技术问题的处理。

2）对技术难点、关键工序的技术要有分析、把握能力，过程控制能力。

3）专业化施工队进行试验检测的能力、设备是否满足要求。

4）专业化施工队必须设一名现场技术负责人，每分项工程设专业技术人员1名，每工序施工过程中设专业技术人员带班作业，项目部要及时对这些人员的技术水平进行考核。

5）必须设置专人负责计量工作，负责建立专业化施工队的计量器具台账及器具的标识，负责计量器具的送检，送检证明报项目技术部审核，定期参加项目组织的计量工作会议。

（2）项目技术负责人在审核专业化施工队技术管理体系运行状况时，应着重审核以下内容。

1）理解与执行有关标准、规范、规程、施工工艺标准的程度，反馈现场技术问题、质量问题的及时性，执行项目经理部技术质量要求的程度。

2）分包范围内的专项施工方案和季节性施工措施的编制水平。

3）出现质量问题后，必须制订详细的书面处理措施，并报项目工程（技术）部和项目技术负责人审批后方可实施。

4）与工程进度同步，对分包范围内工程施工原始记录、检查签证记录、施工照片、影像资料以及有关的技术文件和资料进行记录、收集、分类整理、汇总和保管。

2. 专业化施工队技术管理的基本要求

（1）开工前的技术准备工作。

1）接受项目经理部的整体技术交底。

2）独立编制分包范围内的实施性施工组织设计。专业化施工队的实施性施工组织设计应服从项目经理部的实施性施工组织设计。

3）专业化施工队应建立施工文件发放台账。

（2）现场技术管理。

1）接受项目经理部的各级技术交底。

2）一般情况下，专业化施工队应组织第二级技术交底，交底资料报项目工程（技术）部审核后，由专业化施工队技术负责人进行交底。第二级技术交底以工序为单元向工序技术员、工班长或工序负责人、主要操作人员进行技术交底。二级技术交底过程中应邀请项目工程（技术）部参加。

3）单项施工方案的管理、报批程序，一般为：由分包商现场技术负责人签名后上报项目工程（技术）部→项目工程（技术）部7天内返回审批意见→分包商根据项目工程部审批意见在7天内修改完善，分包商法人代表签名→项目部2天内返回审批意见→双方存档备案。

4）施工方案的修改。根据设计图纸、现场情况的变化，由分包商提出书面修改意见，修改后的方案必须报项目经理部审批后方可实施。

5）施工方案的检查。若发现承包商严重违反施工规范、严重违章，不按已批准的方案施工，项目部有权责令分包商停工，责令限期整改并处罚直接指挥者。

6）所有原材料、半成品的检验、试验过程，或者由项目经理部直接进行，或者在有项目经理部派出人员监督下进行。

7）现场技术问题，应及时以书面形式反馈给项目经理部。

八、工程技术标准规范、工法管理

1. 企业标准化构成与实施

（1）企业标准化的概念和基本任务。企业标准化是指以提高经济效益为目标，以搞好生产、管理、技术和营销等各项工作作为主要内容，制定、贯彻实施和管理维护标准的一种有组织活动。企业标准化有以下三个特征。

1）企业标准化必须以提高经济效益为中心。企业标准化是以提高经济效益为中心，把能否取得良好的效益，作为衡量企业标准化工作好坏的重要标志。

2）企业标准化贯穿于企业生产、技术、经营管理活动的全过程。现代企业的生产经营活动，必须进行全过程的管理，即产品（服务）开发研究、设计、采购、试制、生产、销售、售后服务都要进行管理。

3）企业标准化是制定标准和贯彻标准的一种有组织的活动。企业标准化是一种活动，而这种活动是有组织的、有目标的、有明确内容的。其实质内容就是制定企业所需的各种标准，组织贯彻实施有关标准，对标准的执行进行监督，并根据发展适时修订标准。

（2）企业标准体系的构成。企业标准体系是指企业内部的标准按其内在联系形成的科学有机整体。企业标准体系的构成，以技术标准为主体，包括管理标准和工作标准。

1）企业技术标准。主要包括技术基础标准、设计标准、产品标准、采购技术标准、工艺标准、工装标准、原材料及半成品标准、能源和公用设施技术标准、信息技术标准、设备技术标准、零部件和器件标准、包装和储运标准、检验和试验方法标准、安全技术标准、职业卫生和环境保护标准等。

2）企业管理标准。主要包括管理基础标准、营销管理标准、设计与开发管理标准、采购管理标准、生产管理标准、设备管理标准、产品验证管理标准、不合格品纠正措施管理标准、人员管理标准、安全管理标准、环境保护和卫生管理标准、能源管理标准和质量成本管理标准等。

3）企业工作标准。主要包括中层以上管理人员通用工作标准、一般管理人员通用工作标准和操作人员通用工作标准等。

（3）企业标准贯彻实施的监督。对企业标准贯彻实施进行监督的主要内容如下。

1）国家标准、行业标准和地方标准中的强制性标准、强制性条文企业必须严格执行；不符合强制性标准的产品，禁止出厂和销售。

2）企业生产的产品，必须按标准组织生产，按标准进行检验。经检验符合标准的产品，由企业质量检验部门签发合格证书。

3）企业研制新产品、改进产品、进行技术改造和技术引进，都必须进行标准化审查。

4）企业应当接受标准化行政主管部门和有关行政主管部门依据有关法律、法规对企业实施标准情况进行的监督检查。

2．技术标准管理

企业执行和应用的技术标准包括国家标准、行业标准、地方标准和企业标准。企业应建立健全技术标准管理体系与管理制度，明确管理岗位和职责。

（1）国家、行业与地方标准的应用。

1）国家、行业与地方标准包括强制性标准与推荐性标准。强制性标准必须严格执行。推荐性标准，鼓励企业自愿采用，一经采用，也应严格执行。

2）企业应将标准的贯彻执行和监督检查贯穿于工程项目施工管理的全过程。使物资选用、技术方法、质量验收等工作均符合现行规范与标准要求。

3）企业可根据具体情况，采取统一或分级购置和发放的办法，配齐所需标准、规范的现行有效版本，并建立目录清单。

4）应及时掌握有关国家、行业、地方技术标准的发布与修订信息，进行有效管理。应建立标准的收发记录，并加盖有效标识。作废版本应及时回收处理，对需留存的作废标准，应做出标记，以防误用。

（2）企业技术标准的管理。

1）企业技术标准是对企业范围内需要协调、统一的技术要求、管理要求和工作要求所制定的标准，应根据企业实际需要制定。企业技术标准有以下几种：①产品生产企业由于没有国家、行业、地方标准而制定的企业产品标准；②为提高企业施工质量和技术水平，制定的严于国家、行业、地方标准的企业标准；③对国家、行业标准进行选择或补充的标准；④施工工艺、方法标准。

2）企业技术标准应由企业法人代表或其授权的主管领导批准、发布，授权的部门统一管理。

3）制定企业技术标准应遵守以下原则：①贯彻国家和地方有关的方针、政策、法律、法规，严格执行强制性国家标准、行业标准和地方标准；②保证安全、卫生，充分考虑使用要求，保护消费者利益，保护环境；③有利于企业技术进步，保证和提高产品质量，提高社会经济效益；④积极采用国际标准和国外先进标准；⑤有利于合理利用资源、能源，推广科学技术成果，有利于产品的通用互换，符合使用要求，技术先进，经济合理；⑥有利于对外经济技术合作和对外贸易；⑦本企业内的标准之间应协调一致。

4）制订企业技术标准的程序应包括编制计划、调查研究、标准起草、征求意见，对标准草案进行必要的验证、审查、批准、编号、发布等。企业标准的编制、印刷与代号、编号方法，根据《标准化工作导则 第1部分：标准的结构和编写》（GB/T 1.1—2009）和有关规定执行。

5）审批企业技术标准时，应具备以下材料：①企业标准草案（报批稿）；②企业标准草案编制说明（包括对不同意见的处理情况等）；③必要的验证报告等。

6）企业技术标准发布后，应按隶属关系报当地政府标准化行政主管部门和有关行政主管部门备案。备案材料包括备案申报书、标准文本和编制说明等。

7）企业技术标准应定期复审，复审周期一般不超过三年。当有相应的上级标准发布实施后，应及时复审，并确定其继续有效、修订或废止。

8）企业技术标准属科技成果，享有知识产权。企业或上级主管部门，对取得显著经济效果的企业标准，以及对企业标准化工作做出突出贡献的单位和个人，应给予奖励；对贯彻标准不力，造成不良后果的，应进行批评教育；对违反标准规定造成严重后果的，按有关法律、法规的规定，追究法律责任。

3. 工法管理

（1）工法是以工程为对象，工艺为核心，运用系统工程原理，把先进技术和科学管理结合起来，经过工程实践形成的综合配套的施工方法。

工法的内容一般应包括前言、特点、适用范围、施工程序、操作要点、机具设备、质量标准、安全措施、劳动组织、经济效益分析、应用实例等。

（2）工法分为一级（国家级）工法、二级（市级）工法、三级（企业级）工法三个等级，企业工法是整个工法的基础。企业应重视工法的编制与推广应用，利用工法有效地指导施工与管理工作，促进企业技术水平和社会经济效益的提高。

（3）工法的申报、评审、认定和管理均采用自下而上的程序和办法。关键技术达到企业先进水平并有一定经济或社会效益的工法，可由企业自行组织评审认定为三级工法，报上级主管部门备案。达到市级先进技术水平，有较好的经济社会效益的工法，经企业申报，由市建委组织有关专家评审，可认定为二级工法；对于达到国内先进水平，有显著的经济社会效益的工法，经市建委审查推荐，可申报一级工法。

（4）企业可结合实际情况制定工法管理制度，包括工法管理目标、组织体系、编制与审批制度、应用转让和奖励办法、考核制度等。可根据工程任务情况和企业发展目标，制订本企业工法的研究开发及推广应用规划，逐步建立企业工法管理档案。

（5）工法考核结果应作为企业技术进步的一项重要内容。考核工法的主要内容包括：工法研究开发和推广应用规划以及实施情况；获得确认的工法数量和水平；推广应用工法取得的直接经济效益和社会效益。

（6）凡符合国家专利法、国家发明奖励条例和国家科学技术进步奖励条例的工法，可分别申请专利、发明奖和科学技术进步奖。

（7）企业研究开发的工法，可根据国务院《关于技术转让的暂行规定》实行有偿转让。

（8）技术人员研究开发与推广应用工法的成果，应作为其考核、晋升、职称评定的技术业绩；对于技术水平高、经济效益明显的工法，企业应对主要贡献人员给予奖励。

第五章

项目施工质量管理与控制

一、工程施工质量管理计划

1. 工程施工质量管理计划的要求

（1）工程施工质量目标及其目标分解。工程质量目标应不低于工程合同明示的要求，并应具有可测量性，并分解为分部工程、分项工程和工序质量控制子目标，尽可能地量化和层层分解到最基层，建立阶段性目标。

（2）建立项目质量管理的组织机构并明确职责。应明确质量管理组织机构中各重要岗位的职责，与质量有关的各岗位人员应具备与职责要求匹配的相应知识、能力和经验。

（3）制定技术保障和资源保障措施。应采取各种有效措施，确保项目质量目标的实现，包括原材料、构配件、机具的要求和检验，主要的施工工艺、主要的质量标准和检验方法，暑期、冬期和雨期施工的技术措施，关键过程、特殊过程、重点工序的质量保证措施，成品、半成品的保护措施，工作场所环境以及劳动力和资金保障措施等。

1）确定质量控制点。控制阶段按照事前（施工准备阶段）、事中（施工阶段）、事后（检查验收阶段）三个阶段。控制环节主要指一些重要的管理活动，如建立机构、图纸会审、编制方案、技术交底、测量控制等，另外针对分部分项工种的施工活动，如基坑开挖、粗钢筋绑扎、预埋件埋设等。可采用表格形式表述质量控制点，见表 5-1。

表 5-1   质 量 控 制 点

控制阶段	控制环节	控制要点	控制人	参与控制人	主要控制内容	工作依据

2）关键过程和特殊过程质量控制：①关键过程控制：是施工难度大、过程质量不稳定或出现不合格频率较高的过程；对产品质量特性有较大影响的过程；施工周期长，原材料昂贵，出现不合格后经济损失较大的过程；基于人员素质、施工环境等方面的考虑，认为比较重要的其他过程。例如测量放线、地基处理、基坑支护、钢筋焊接、混凝土浇筑等工程；②特殊过程控制：是对形成的产品是否合格不易或不能经济地进行验证的过程。例如桩基础工程、预应力工程、建筑防水工程等。

关键过程和特殊过程的确定，建议以表格形式表示，见表5-2。

表5-2　　　　　　　　　关键过程和特殊过程质量控制表

施工阶段	关键过程	特殊过程	责任人	实施时间	控制措施
基础阶段					
主体阶段					
安装阶段					
初装修阶段					
精装修阶段					

（4）制定现场质量管理制度。

按照质量管理8项原则中的过程方法要求，将各项活动和相关资源作为过程进行管理，建立质量过程检查、验收以及质量责任制等相关制度，对质量检查和验收标准做出规定，采取有效的纠正和预防措施，保障各工序和过程的质量。质量管理制度主要有以下内容。

1）培训上岗制度。

2）质量否决制度。

3）成品保护制度。

4）质量文件记录制度。

5）工程质量事故报告及调查制度。

6）工程质量检查及验收制度。

7）样板引路制度。

8）自检、互检和专业检查的"三检"制度。

9）对分包工程质量检查、基础、主体工程验收制度。

10）单位（子单位）工程竣工检查验收。

11）原材料及构件试验、检验制度。

12) 分包工程（劳务）管理制度等。

2. 制订施工项目质量计划的依据

施工项目质量计划是指确定施工项目的质量目标和为达到这些质量目标所规定必要的作业过程、专门的质量措施和资源等工作。

（1）施工项目质量计划的编制依据。

1) 施工合同中有关项目（或过程）的质量要求。

2) 施工企业的质量管理体系、《质量手册》及相应的程序文件。

3)《建筑工程施工质量验收统一标准》、施工操作规程及作业指导书。

4)《建设工程质量管理条例》《建筑法》、环境保护条例及法规。

5)《建设工程安全生产管理条例》等。

（2）施工项目质量计划的主要内容。

1) 施工项目应达到的质量目标。

2) 施工项目经理部的职责、权限和资源的具体分配。

3) 施工项目经理部实际运作的各过程步骤。

4) 实施中应采用的程序、方法和指导书。

5) 有关施工阶段相适用的试验、检查、检验、验证和评审的要求和标准。

6) 达到质量目标的测量方法。

7) 随施工项目的进展而更改和完善质量计划程序。

8) 为达到质量目标应采用其他措施。

3. 施工项目质量计划的内容要求

施工项目的质量计划应由项目经理主持编制。质量计划作为对外质量保证和对内质量控制的依据文件，应体现施工项目从分项工程、分部工程到单位工程的系统控制过程，同时也要体现从资源投入到完成工程质量最终检验和试验的全过程控制。

施工项目的质量计划的内容要求见表 5-3。

表 5-3　　　　　　　　施工项目的质量计划内容要求

序号	项目	内 容 要 求
1	质量目标	质量目标一般由企业技术负责人、项目经理部管理层经认真分析施工项目特点、项目经理部情况及企业生产经营总目标后决定。其基本要求是施工项目竣工交付业主（用户）使用时，质量要达到合同范围内的全部工程的所有使用功能符合设计（或更改）图纸要求；检验批、分部、分项、单位工程质量达到施工质量验收统一标准，合格率100%

序号	项目	内 容 要 求
2	管理职责	施工项目质量计划应规定项目经理部管理人员及操作人员的岗位职责。 项目经理是施工项目实施的最高负责人，对工程符合设计（或更改）、质量验收标准、各阶段按期交工负责，以保证整个工程项目质量符合合同要求。项目经理可委托项目质量副经理（或技术负责人）负责施工项目质量计划和质量文件的实施及日常质量管理工作。 项目生产副经理要对施工项目的施工进度负责，调配人力、物力保证按图纸和规范施工，协调同业主（用户）、分包商的关系，负责审核结果、整改措施和质量纠正措施的实施。 施工队长、工长、测量员、试验员、计量员在项目质量副经理的直接指导下，负责所管部位和分项施工全过程的质量，使其符合图纸和规范要求，有更改的要符合更改要求，有特殊规定的要符合特殊要求。 材料员、机械员对进场的材料、构件、机械设备进行质量验收和退货、索赔，对业主或分包商提供的物资和机械设备要按合同规定进行验收
3	资源提供	施工项目质量计划要规定项目经理部管理人员及操作人员的岗位任职标准及考核认定方法；规定施工项目人员流动的管理程序；规定施工项目人员进场培训的内容、考核和记录；规定新技术、新结构、新材料、新设备的操作方法和操作人员的培训内容；规定施工项目所需的临时设施、支持性服务手段、施工设备及通信设施；规定为保证施工环境所需要的其他资源提供等
4	施工项目实现过程的策划	施工项目质量计划中要规定施工组织设计或专项项目质量计划的编制要点及接口关系；规定重要施工过程技术交底的质量策划要求；规定新技术、新材料、新结构、新设备的策划要求；规定重要过程验收的准则或技艺评定方法
5	业主提供的材料、机械设备等产品的过程控制	施工项目上需用的材料、机械设备在许多情况下是由业主提供的。对这种情况要做出如下规定：①业主如何标识、控制其提供产品的质量；②检查、检验、验证业主提供产品满足规定要求的方法；③对不合格的处理办法
6	材料、机械设备等采购过程的控制	施工项目质量计划对施工项目所需的材料、设备等要规定供方产品标准及质量管理体系的要求、采购的法规要求，有可追溯性要求时，要明确其记录、标志的主要方法等

序号	项目	内　容　要　求
7	产品标识和可追溯性控制	隐蔽工程、分部分项工程的验收、特殊要求的工程等必须做可追溯性记录，施工项目的质量计划要对其可追溯性的范围、程序、标识、所需记录及如何控制和分发这些记录等内容做出规定。 坐标控制点、标高控制点、编号、沉降观察点、安全标志、标牌等是施工项目的重要标识记录，质量计划对这些标识的准确性控制措施、记录等内容做出详细规定。 重要材料（如钢材、构件等）及重要施工设备的运作必须具有可追溯性
8	施工工艺过程控制	施工项目的质量计划要对工程从合同签订到交付全过程的控制方法做出相应的规定。具体包括：施工项目的各种进度计划的过程识别和管理规定；施工项目实施全过程各阶段的控制方案、措施及特殊要求；施工项目实施过程需用的程序文件、作业指导书；隐蔽工程、特殊工程进行控制、检查、鉴定验收、中间交付的方法及人员上岗条件和要求等；施工项目实施过程需使用的主要施工机械设备、工具的技术和工作条件、运行方案等
9	搬运、存储、包装、成品保护和交付过程的控制	施工项目的质量计划要对搬运、存储、包装、成品保护和交付过程的控制方法做出相应的规定。 具体包括：施工项目实施过程所形成的分部、分项、单位工程的半成品、成品保护方案、措施、交接方式等内容的规定；工程中间交付、竣工交付工程的收尾、维护、验收、后续工作处理的方案、措施、方法的规定；材料、构件、机械设备的运输、装卸、存收的控制方案、措施的规定等
10	安装和调试的过程控制	对于工程水、电、暖、电信、通风、机械设备等的安装、检测、调试、验评、交付、不合格的处置等内容规定方案、措施、方式。由于这些工作同土建施工交叉配合较多，因此对于交叉接口程序、验证哪些特性、交接验收、检测、试验设备要求、特殊要求等内容要做明确规定，以便各方面实施时遵循
11	检验、试验和测量过程及设备的控制	施工项目的质量计划要对施工项目所进行和使用的所有检验、试验、测量和计量过程及设备的控制、管理制度等做出相应的规定
12	不合格品的控制	施工项目的质量计划要编制作业、分项、分部工程不合格品出现的补救方案和预防措施，规定合格品与不合格品之间的标识，并制订隔离措施

二、施工生产要素质量控制

1. 影响施工质量的五大要素

（1）劳动主体。人员素质，即作业者、管理者的素质及其组织效果。

（2）劳动对象。材料、半成品、工程用品、设备等的质量。

（3）劳动方法。采取的施工工艺及技术措施的水平。

（4）劳动手段。工具、模具、施工机械、设备等条件。

（5）施工环境。现场水文、地质、气象等自然环境，通风、照明、安全等作业环境以及协调配合的管理环境。

2. 劳动主体的控制

劳动主体的质量包括参与工程各类人员的生产技能、文化素养、生理体能、心理行为等方面的个体素质及经过合理组织充分发挥其潜在能力的群体素质。因此，企业应通过择优录用、加强思想教育及技能方面的教育培训，合理组织、严格考核，并辅以必要的激励机制，使企业员工的潜在能力得到最好的组合和充分的发挥，从而保证劳动主体在质量控制系统中发挥主体自控作用。

施工企业控制必须坚持对所选派的项目领导者、组织者进行质量意识教育和组织管理能力训练，坚持对分包商的资质考核和施工人员的资格考核，坚持工种按规定持证上岗制度。

3. 劳动对象的控制

原材料、半成品、设备是构成工程实体的基础，其质量是工程项目实体质量的组成部分。故加强原材料、半成品及设备的质量控制，不仅是提高工程质量的必要条件，也是实现工程项目投资目标和进度目标的前提。

对原材料、半成品及设备进行质量控制的主要内容为：控制材料设备性能、标准与设计文件的相符性；控制材料设备各项技术性能指标、检验测试指标与标准要求的相符性；控制材料设备进场验收程序及质量文件资料的齐全程度等。

施工企业应在施工过程中贯彻执行企业质量程序文件中明确材料设备在封样、采购、进场检验、抽样检测及质量保证资料提交等一系列明确规定的控制标准。

4. 施工工艺的控制

施工工艺的先进合理是直接影响工程质量、工程进度及工程造价的关键因素，施工工艺的合理、可靠还直接影响到工程施工安全。因此在工程项目质量控制系统中，制定和采用先进合理的施工工艺是工程质量控制的重要环节。对施工方案的质量控制主要包括以下内容。

（1）全面正确地分析工程特征、技术关键及环境条件等资料，明确质量目标、验收标准、控制的重点和难点。

（2）制订合理有效的施工技术方案和组织方案，施工技术方案包括施工工艺、施工方法；组织方案包括施工区段划分、施工流向及劳动力组织等。

（3）合理选用施工机械设备和施工临时设施，合理布置施工总平面图和各阶段施工平面图。

（4）选用和设计保证质量和安全的模具、脚手架等施工设备。

（5）编制工程所采用的新技术、新工艺、新材料的专项技术方案和质量管理方案。

（6）为确保工程质量，还应针对工程具体情况，编写气象、地质等环境不利因素对施工的影响及其应对措施。

5. 施工设备的控制

（1）对施工所用的机械设备，包括起重设备、各项加工机械、专项技术设备、检查测量仪表设备及人货两用电梯等，应根据工程需要从设备选型、主要性能参数及使用操作要求等方面加以控制。

（2）对施工方案中选用的模板、脚手架等施工设备，除按适用的标准定型选用外，一般需按设计及施工要求进行专项设计，对其设计方案及制作质量的控制及验收应作为重点进行控制。

（3）按现行施工管理制度要求，工程所用的施工机械、模板、脚手架，特别是危险性较大的现场安装的起重机械设备，不仅要对其设计安装方案进行审批，而且安装完毕交付使用前必须经专业管理部门的验收，合格后方可使用。同时，在使用过程中尚需落实相应的管理制度，以确保其安全正常使用。

6. 施工环境的控制

环境因素主要包括地质、水文状况、气象变化及其他不可抗力因素，以及施工现场的通风、照明、安全、卫生防护设施等劳动作业环境等内容。环境因素对工程施工的影响一般难以避免。要消除其对施工质量的不利影响，主要是采取预测预防的控制方法。

（1）对地质、水文等方面的影响因素的控制，应根据设计要求，分析基础地质资料，预测不利因素，并会同设计等方面采取相应的措施，如降水、排水、加固等技术控制方案。

（2）对天气气象方面的不利条件，应在施工方案中制订专项施工方案，明确施工措施，落实人员、器材等方面各项准备以紧急应对，从而控制其对施工质量的不利影响。

（3）对环境因素造成的施工中断，往往也会对工程质量造成不利影响，必须通过加强管理、调整计划等措施加以控制。

三、施工工序质量控制

1. 工序质量控制的概念和内容

工序质量是指施工中人、材料、机械、工艺方法和环境等对产品综合起作用的过程的质量，又称过程质量，它体现为产品质量。

工序质量控制就是对工序活动条件即工序活动投入的质量和工序活动效果的质量即分项工程质量的控制。在进行工序质量控制时要着重于以下几方面的工作。

（1）确定工序质量控制工作计划。一方面要求对不同的工序活动制定专门的保证质量的技术措施，作出物料投入及活动顺序的专门规定；另一方面，须规定质量控制工作流程、质量检验制度等。

（2）主动控制工序活动条件的质量。工序活动条件主要指影响质量的五大因素，即人、材料、机械设备、方法和环境等。

（3）及时检验工序活动效果的质量。主要是实行班组自检、互检、上下道工序交接检，特别是对隐蔽工程和分项（部）工程的质量检验。

（4）设置工序质量控制点（工序管理点），实行重点控制。工序质量控制点是针对影响质量的关键部位或薄弱环节而确定的重点控制对象。正确设置控制点并严格实施是进行工序质量控制的重点。

2. 工序质量控制点的设置和管理

（1）工序质量控制点的设置原则。

1）重要的和关键性的施工环节和部位。

2）质量不稳定、施工质量没有把握的施工工序和环节。

3）施工技术难度大、施工条件困难的部位或环节。

4）质量标准或质量精度要求高的施工内容和项目。

5）对后续施工或后续工序质量或安全有重要影响的施工工序或部位。

6）采用新技术、新工艺、新材料施工的部位或环节。

（2）工序质量控制点的管理。

1）质量控制措施的设计。选择了控制点，就要针对每个控制点进行控制措施设计。主要步骤和内容如下：①列出质量控制点明细表；②设计控制点施工流程图；③进行工序分析，找出主导因素；④制定工序质量控制表，对各影响质量特性的主导因素规定出明确的控制范围和控制要求；⑤编制保证质量的作业指导书；⑥编制计量网络图，明确标出各控制因素采用什么计量仪器、编号、精度等，以便进行精确计量；⑦质量控制点审核。可由设计者的上一级领导进行审核。

2）质量控制点的实施。主要包括：①交底。将控制点的"控制措施设计"向操作班组进行认真交底，必须使工人真正了解操作要点；②质量控制人员在现场进行重点指导、检查、验收；③工人按作业指导书认真进行操作，保证每个环节的操作质量；④按规定做好检查并认真做好记录，取得第一手数据；⑤运用数据统计方法，不断进行分析与改进，直至质量控制点验收合格；⑥质量控制点实施中应明确工人、质量控制人员的职责。

3. 工程质量预控

（1）工程质量预控的概念。工程质量预控就是针对所设置的质量控制点或分项、分部工程，事先分析在施工中可能发生的质量问题和隐患，分析可能的原因，提出相应的预防措施和对策，实现对工程质量的主动控制。

（2）质量预控的表达形式及示例。质量预控的表达形式有：①文字表达；②用表格形式表达；③用解析图形式表达。

1）钢筋电焊焊接质量的预控——文字表达。①可能产生的质量问题：a. 焊接接头偏心弯折；b. 焊条型号或规格不符合要求；c. 焊缝的长、宽、厚度不符合要求；d. 凹陷、焊瘤、裂纹、烧伤、咬边、气孔、夹渣等缺陷；②质量预控措施：a. 检查焊接人员有无上岗合格证明，禁止无证上岗；b. 焊工正式施焊前，必须按规定进行焊接工艺试验；c. 每批钢筋焊完后，施工单位自检并按规定取样进行力学性能试验，然后专业监理人员抽查焊接质量，必要时需抽样复查其力学性能；d. 在检查焊接质量时，应同时抽检焊条的型号。

2）混凝土灌注桩质量预控——用表格形式表达。用简表形式分析其在施工中可能发生的主要质量问题和隐患，并针对各种可能发生的质量问题，提出相应的预控措施，如表5-4所示。

表 5 - 4   混凝土灌注桩质量预控表

可能发生的质量问题	质量预控措施
孔斜	督促施工单位在钻孔前对钻机认真整平
混凝土强度达不到要求	随时抽查原料质量；试配混凝土配合比经监理工程师审批确认；评定混凝土强度；按月向监理报送评定结果
缩颈、堵管	督促施工单位每桩测定混凝土坍落度2次，每30~50cm测定一次混凝土浇筑高度，随时处理
断桩	准备足够数量的混凝土供应机械（拌和机等），保证连续不断地浇筑桩体
钢筋笼上浮	掌握泥浆密度和灌注速度，灌注前做好钢筋笼固定

3）混凝土工程质量预控及对策，如图5-1～图5-3所示。这是用解析图的形式表达的。

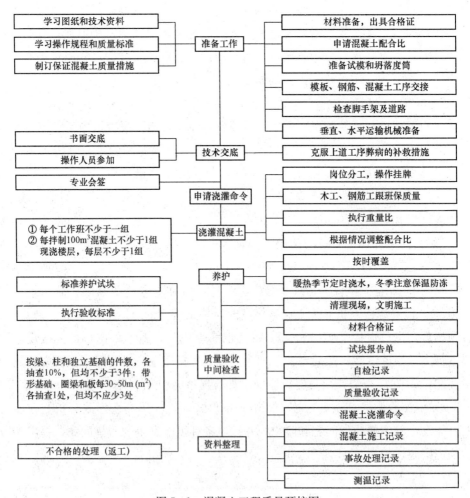

图 5 - 1　混凝土工程质量预控图

128

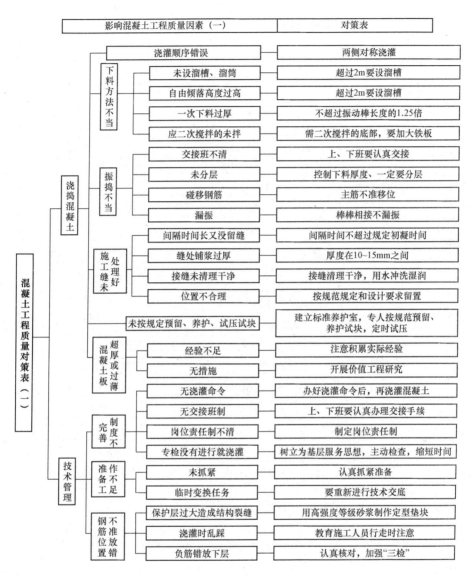

图 5-2 混凝土工程质量对策图（一）

4. 成品保护

成品保护一般是指在施工过程中，某些分项工程已经完成，而其他一些分项工程尚在施工；或者是在其分项工程施工过程中，某些部位已完成，而其他部位正在施工。在这种情况下，施工单位必须负责对已完成部分采取妥善措施予以保护，以免因成品缺乏保护或保护不善而造成损伤或污染，影响工程整体质量。

根据建筑产品的特点的不同，可以分别对成品采取"防护""包裹""覆盖"

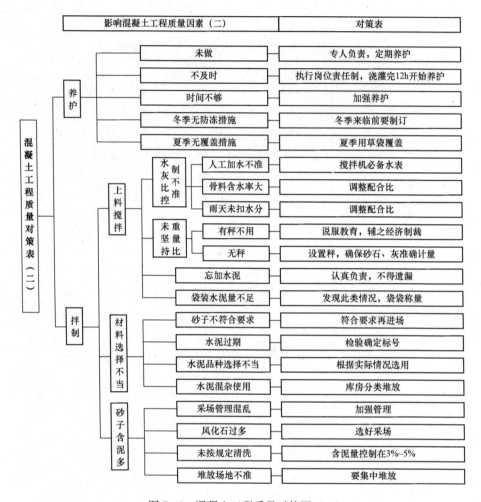

图 5-3 混凝土工程质量对策图（二）

"封闭"等保护措施，以及合理安排施工顺序等来达到保护成品的目的。具体如下所述。

（1）防护。就是针对被保护对象的特点采取各种防护的措施。例如，对清水楼梯踏步，可以采取护棱角铁上下连接固定；对于进出口台阶，可垫砖或方木搭脚手板供人通过的方法来保护台阶；对于门口易碰部位，可以钉上防护条或槽形盖铁保护；门扇安装后可加楔固定等。

（2）包裹。就是将被保护物包裹起来，以防损伤或污染。例如，对镶面大理石柱可用立板包裹捆扎保护；铝合金门窗可用塑料布包扎保护等。

（3）覆盖。就是用表面覆盖的办法防止堵塞或损伤。例如，对地漏、落水口排水管等，安装后可加以覆盖，以防止异物落入而被堵塞；预制水磨石或大理石楼梯可用木板覆盖加以保护；地面可用锯末、苦布等覆盖，以防止喷浆等污染；其他需要防晒、防冻、保温养护等项目，也应采取适当的防护措施。

（4）封闭。就是采取局部封闭的办法进行保护。例如，垃圾道完成后，可将其进口封闭起来，以防止建筑垃圾堵塞通道；房间水泥地面或地面砖完成后，可将该房间局部封闭，防止人们随意进入而损害地面；房内装修完成后应加锁封闭，防止人们随意进入而受到损伤等。

（5）合理安排施工顺序。主要是通过合理安排不同工作间的施工顺序先后，以防止后道工序损坏或污染前道工序。例如，采取房间内先喷浆或喷涂而后安装灯具的施工顺序可防止喷浆污染、损害灯具；先做顶棚、装修而后做地坪，也可避免顶棚及装修施工污染、损害地坪。

四、工程施工质量验收

1. 基本规定

（1）施工现场质量管理应有相应的施工技术标准，健全的质量管理体系、施工质量检验制度和综合施工质量水平评定考核制度。施工现场质量管理可按表5-5要求进行检查记录。

表5-5　　　　　　　　　　施工现场质量管理检查记录

开工日期：

工程名称			施工许可证（开工证）	
建设单位			项目负责人	
设计单位			项目负责人	
监理单位			总监理工程师	
施工单位		项目经理	项目技术负责人	
序号	项目		内容	
1	现场质量管理制度			
2	质量责任制			
3	主要专业工种操作上岗证书			
4	分包方资质与对分包单位的管理制度			
5	施工图审查情况			
6	地质勘察资料			

续表

序号	项目	内容
7	施工组织设计、施工方案及审批	
8	施工技术标准	
9	工程质量检验制度	
10	搅拌站及计量设置	
11	现场材料、设备存放与管理	

检查结论：

总监理工程师

（建设单位项目负责人）　　年　　月　　日

（2）建筑工程施工质量控制。

1）建筑工程采用的主要材料、半成品、成品、建筑构配件、器具和设备应进行现场验收。凡涉及安全、功能的有关产品，应按各专业工程质量验收规范规定进行复检，并应经监理工程师（建设单位技术负责人）检查认可。

2）各工序应按施工技术标准进行质量控制，每道工序完成后应检查。

3）相关各专业工种之间应进行交接检验，并形成记录。未经监理工程师（建设单位技术负责人）检查认可，不得进行下道工序施工。

（3）建筑工程施工质量验收。

1）建筑工程施工质量应符合《建筑工程施工质量验收统一标准》（GB 50300）和相关专业验收规范的规定。

2）建筑工程施工质量应符合工程勘察、设计文件的要求。

3）参加工程施工质量验收的各方人员应具备规定的资格。

4）工程质量的验收均应在施工单位自行检查评定的基础上进行。

5）隐蔽工程在隐蔽前应由施工单位通知有关单位进行验收，并应形成验收文件。

6）涉及结构安全的试块、试件以及有关材料，应按规定进行见证取样检测。

7）检验批的质量应按主控项目和一般项目验收。

8）对涉及结构安全和使用功能的重要分部工程应进行抽样检测。

9）承担见证取样检测及有关结构安全检测的单位应具有相应资质。

10）工程的观感质量应由验收人员通过现场检查，并应共同确认。

（4）抽样。

1）检验批的质量检验，应根据检验项目的特点在下列抽样方案中进行选择：①计量、计数或计量－计数等抽样方案；②一次、二次或多次抽样方案；③根据生产连续性和生产控制稳定性情况，尚可采用调整型抽样方案；④对重要的检验项目当可采用简易快速的检验方法时，可选用全数检验方案；⑤经实践检验有效的抽样方案。

2）在制定检验批的抽样方案时，对生产方风险（或错判概率 α）和使用方风险（或漏判概率 β）可按下列规定采取：①主控项目：对应于合格质量水平的 α 和 β 均不宜超过 5%；②一般项目：对应于合格质量水平的 α 不宜超过 5%，β 不宜超过 10%。

2. 建筑工程质量验收的划分

建筑工程质量验收应划分为单位（子单位）工程、分部（子分部）工程、分项工程和检验批。

（1）单位工程的划分。

1）具备独立施工条件并能形成独立使用功能的建筑物及构筑物，为一个单位工程。

2）建筑规模较大的单位工程，可将其能形成独立使用功能的部分划分为若干个子单位工程。

（2）分部工程的划分。

1）分部工程的划分应按专业性质、建筑部位确定。如建筑工程可划分为九个分部工程：地基与基础、主体结构、建筑装饰装修、建筑屋面、给水排水及采暖、电气、智能建筑、通风与空调和电梯分部工程。

2）当分部工程规模较大或较复杂时，可按材料种类、施工特点、施工程序、专业系统及类别等划分为若干个子分部工程。如地基与基础分部工程可分为：无支护土方、有支护土方、地基与基础处理、桩基、地下防水、混凝土基础、砌体基础、劲钢（管）混凝土和钢结构等子分部工程。

（3）分项工程的划分。分项工程应按主要工种、材料、施工工艺、设备类别等进行划分。如无支护土方子分部工程，可分为土方开挖和土方回填等分项工程。

（4）检验批的划分。所谓检验批，是指按同一生产条件或按规定的方式汇总起来的供检验用的、由一定数量样本组成的检验体。检验批由于其质量基本均匀一致，因此可以作为检验的基础单位。

分项工程可由一个或若干个检验批组成。检验批可根据施工、质量控制和专业验收需要按楼层、施工段、变形缝等进行划分。分项工程划分成检验批进行验收，有助于及时纠正施工中出现的质量问题，确保工程质量，也符合施工的实际需要。检验批的划分原则有以下内容。

1）多层及高层工程中主体部分的分项工程可按楼层或施工段划分检验批，单层建筑工程的分项工程可按变形缝等划分检验批。

2）地基基础分部工程中的分项工程一般划分为一个检验批。

3）屋面分部工程的分项工程中的不同楼层屋面可划分为不同的检验批。

4）其他分部工程中的分项工程，一般按楼层划分检验批。

5）安装工程一般按一个设计系统或设备组别划分为一个检验批。

6）室外工程统一划分为一个检验批。

3. 建筑工程质量验收标准

（1）检验批质量合格标准。

1）主控项目和一般项目的质量经抽样检验合格。

2）具有完整的施工操作依据、质量检查记录。

所谓主控项目，是指建筑工程中对安全、卫生、环境保护和公众利益起决定性作用的检验项目。主控项目是对检验批的基本质量起决定性影响的检验项目，其不允许有不符合要求的检验结果，即这种项目的检查具有否决权。因此，主控项目必须全部符合有关专业工程施工质量验收规范的规定。所谓一般项目，是指除主控项目以外的检验项目。

质量控制资料反映了检验批从原材料到最终验收的各施工过程的操作依据、检查情况以及保证质量所必需的管理制度等。对其完整性的检查，实际是对过程控制的确认，这是检验批合格的前提。

（2）分项工程质量验收合格标准。

1）分项工程所含的检验批均应符合合格质量的规定。

2）分项工程所含的检验批的质量记录应完整。分项工程的验收是在检验批的基础上进行的。一般情况下，两者具有相同或相近的性质，只是批量的大小不同而已。

（3）分部（子分部）工程质量验收合格标准。

1）分部（子分部）工程所含分项工程的质量均应验收合格。

2）质量控制资料应完整。

3）地基与基础、主体结构和设备安装等分部工程有关安全及功能的检验和抽样检测结果应符合有关规定。

4）观感质量验收应符合要求。

（4）单位（子单位）工程质量验收合格标准。

1）单位（子单位）工程所含分部（子分部）工程的质量均应验收合格。

2）质量控制资料应完整。

3）单位（子单位）工程所含分部工程有关安全和功能的检测资料应完整。

4）主要功能项目的抽查结果应符合相关专业质量验收规范的规定。

5）观感质量验收应符合要求。单位工程质量验收也称质量竣工验收，是施工项目投入使用前的最后一次验收，也是最重要的一次验收。

（5）建筑工程质量验收记录的规定。

检验批、分项工程、分部（子分部）工程和单位（子单位）工程的质量验收记录，单位（子单位）工程质量控制资料核查记录、单位（子单位）工程安全和功能检验资料核查及主要功能抽查记录、单位（子单位）工程质量检查记录请看《建筑工程施工质量验收统一标准》（GB 50300—2013）。

（6）当施工项目质量不符合要求时的处理。

1）经返工重做或更换器具、设备的检验批应重新进行验收。这种情况是指在检验批验收时，其主控项目不能满足验收规范规定或一般项目超过偏差限值的子项不符合检验规定的要求时，应及时处理的检验批。

2）经有资质的检测单位测定能够达到设计要求的检验批，应予以验收。这种情况是指当个别检验批发现如试块强度等质量不满足要求，难以确定是否验收时，应请具有资质的法定检测单位检测。

3）经有资质的检测单位检测鉴定达不到设计要求、但经原设计单位核算认可，能够满足安全和使用功能的检验批，可予以验收。

4）经返修或加工处理的分项、分部工程，虽然改变外形尺寸但仍能满足安全使用要求，可按技术处理方案和协商文件进行验收。

5）通过返修或加固处理仍不能满足安全使用要求的分部工程、单位（子单位）工程，严禁验收。

4．建筑工程质量验收程序和组织

（1）所有检验批和分项工程均应由监理工程师或建设单位项目技术负责人组织验收。验收前，施工单位先填好"检验批和分项工程质量验收记录"，并由项目专业质量检验员和项目专业技术负责人分别在检验批和分项工程质量检验记录中相关栏目签字，然后由监理工程师组织，严格按规定程序进行验收。

（2）分部工程由总监理工程师或建设单位项目负责人组织施工单位项目负责

人和技术、质量负责人等进行验收；地基与基础、主体结构分部工程的勘察、设计单位工程项目负责人和施工单位技术、质量部门负责人也应参加相关分部工程的验收。

（3）单位工程完成后，施工单位首先要依据质量标准、设计图纸等组织有关人员进行自检，并对检查结果进行评定，符合要求后向建设单位提交工程验收报告和完整的质量资料，请建设单位组织验收。

（4）建设单位收到工程验收报告后，应由建设单位（项目）负责人组织施工单位（包括分包单位）、设计单位、监理单位等负责人进行单位（子单位）工程验收。

（5）单位工程有分包单位施工时，分包单位对所承包的工程项目也应按上述的程序进行检查验收，总包单位要派人参加。分包工程完成后，要将工程有关资料移交给总包单位。

（6）当参加验收各方对工程质量验收意见不一致时，可请当地建设行政主管部门或工程质量监督机构协调处理。

第六章

项目施工安全、环境管理与控制

一、职业健康安全与环境管理要求

1. 职业健康安全与环境管理的任务

建设工程项目的职业健康安全管理的目的是保护产品生产者和使用者的健康与安全。控制影响工作场所内员工、临时工作人员、合同方人员、访问者和其他有关部门人员健康和安全的条件和因素。考虑和避免因使用不当对使用者造成的健康和安全的危害。

建设工程项目环境管理的目的是保护生态环境，使社会的经济发展与人类的生存环境相协调。控制作业现场的各种粉尘、废水、废气、固体废弃物以及噪声、振动对环境的污染和危害，考虑能源节约和避免资源的浪费。

职业健康安全与环境管理的任务是建筑生产组织（企业）为达到建筑工程的职业健康安全与环境管理的目的指挥和控制组织的协调活动，包括制定、实施、实现、评审和保持职业健康安全与环境方针所需的组织机构、计划活动、职责、惯例（法律法规）、程序文件、过程和资源，见表6-1。表中有2行7列，构成了实现职业健康安全和环境方针的14个方面的管理任务。不同的组织（企业）根据自身的实际情况制定方针，并为实施、实现、评审和保持（持续改进）来建立组织机构，策划活动，明确职责，遵守有关法律法规和惯例，编制程序控制文件，实行过程控制并提供人员、设备、资金和信息资源。保证职业健康安全与环境管理任务的完成以及和职业健康安全与环境密切相关的任务，可一同完成。

表 6-1　　　　　　　　职业健康安全与环境管理的任务

	组织机构	计划活动	职责	惯例（法律法规）	程序文件	过程	资源
职业健康安全方针							
环境管理							

2. 职业健康安全与环境管理要求

（1）建筑产品的固定性和生产的流动性及受外部环境影响因素多，决定了职业健康安全与环境管理的复杂性。

1）建筑产品生产过程中生产人员、工具与设备的流动性，主要表现为：①同一工地不同建筑之间流动；②同一建筑不同建筑部位上流动；③一个建筑工程项目完成后，又要向另一个新项目动迁的流动。

2）建筑产品受不同外部环境影响的因素多主要表现为：①露天作业多；②气候条件变化的影响；③工程地质和水文条件的变化；④地理条件和地域资源的影响。

由于生产人员、工具和设备的交叉和流动作业，受不同外部环境的影响因素多，使职业健康安全与环境管理很复杂，稍有考虑不周就会出现问题。

（2）建筑产品的多样性和生产的单件性，决定了职业健康安全与环境管理的多样性。建筑产品的多样性决定了生产的单件性。每一个建筑产品都要根据其特定要求进行施工，主要有以下表现。

1）不能按同一图纸、同一施工工艺、同一生产设备进行批量重复生产。

2）施工生产组织及机构变动频繁，生产经营的"一次性"特征特别突出。

3）生产过程中试验性研究课题多，所碰到的新技术、新工艺、新设备、新材料给职业健康安全与环境管理带来了不少难题。

因此，对于每个建设工程项目都要根据其实际情况，制订健康安全与环境管理计划，不可相互套用。

（3）产品生产过程的连续性和分工性，决定了职业健康安全与环境管理的协调性。建筑产品不能像其他许多工业产品那样，可以分解为若干部分同时生产，而必须在同一固定场所按严格程序连续生产，上一道工序不完成，下一道工序不能进行，上一道工序生产的结果往往被下一道工序所掩盖，而且每一道程序由不同的人员和单位来完成。

因此在职业健康安全与环境管理中要求各单位和各专业人员横向配合和协调，共同注意产品生产过程接口部分的职业健康安全与环境管理的协调性。

（4）产品的委托性，决定了职业健康安全与环境管理的不符合性。建筑产品在建造前就确定了买主，按建设单位的特定要求委托进行生产建造。而建设工程市场在供大于求的情况下业主经常会压低标价，造成产品的生产单位对职业健康安全与环境管理的费用投入的减少，不符合职业健康安全与环境管理有关规定的现象时有发生。这就要建设单位和生产组织都必须重视对职业健康安全和环保费用的投入，不可不符合职业健康安全与环境管理的要求。

（5）产品的阶段性，决定职业健康安全与环境管理的持续性。一个建设工程项目从立项到投入使用要经历五个阶段，即设计前的准备阶段（包括项目可行性研究和立项）、设计阶段、施工阶段、使用前的准备阶段（包括竣工验收和试运行）、保修阶段。

这五个阶段都要十分重视项目的安全和环境问题，持续不断地对项目各个阶段可能出现的安全和环境问题实施管理。否则，一旦在某个阶段出现安全问题和环境问题就会造成投资的巨大浪费，甚至造成工程项目建设的夭折。

（6）产品的时代性和社会性，决定环境管理的多样性和经济性。

1）时代性：建设工程产品是时代政治、经济、文化、风俗的历史记录。表现了不同时代的艺术风格和科学文化水平，反映一定社会的、道德的、文化的、美学的艺术效果，成为可供人们观赏和旅游的景观。

2）社会性：建设工程产品是否适应可持续发展的要求，工程的规划、设计、施工质量的好坏，受益和受害不仅仅是使用者，而是整个社会，影响社会持续发展的环境。

3）多样性：除了考虑各类建设工程（住宅、工业厂房、道路、桥梁、水库、管线、航道、码头、港口、医院、剧院、博物馆、园林、绿化等）使用功能与环境相协调外，还应考虑各类工程产品的时代性和社会性要求，其涉及的环境因素多种多样，应逐一加以评价和分析。

4）经济性：建设工程不仅应考虑建造成本的消耗，还应考虑其寿命期内的使用成本消耗。环境管理注重包括工程使用期内的成本，如能耗、水耗、维护、保养、改建更新的费用，并通过比较分析，判定工程是否符合经济要求，一般采用生命周期法可作为对其进行管理的参考。另外，环境管理要求节约资源，以减少资源消耗来降低环境污染，二者是完全一致的。

二、职业健康安全与环境管理计划

1. 职业健康安全管理计划

（1）安全生产策划的内容。针对工程项目的规模、结构、环境、技术方案、施工风险和资源配置等因素进行安全生产策划，策划主要包括以下内容。

1）配置必要的设施、装备和专业人员，确定控制和检查的手段、措施。

2）确定整个施工过程中应执行的文件、规范。如脚手架工程、高空作业、机械作业、临时用电、动用明火、沉井、深挖基础施工和爆破工程等作业规定。

3）确定冬期、雨期、雪天和夜间施工时的安全技术措施及夏季的防暑降温工作。

4）对危险性较大的分部分项工程，要制订安全专项施工方案；对于超出一定规模的危险性较大的分部分项工程，应当组织专家对专项方案进行论证。

5）因工程项目的特殊需求所补充的安全操作规定。

6）制定施工各阶段具有针对性的安全技术交底文本。

7）制定安全记录表格、确定收集、整理和记录各种安全活动的人员和职责。

（2）安全生产管理机构及人员。专职安全生产管理人员，主要负责安全生产，进行现场监督检查；发现安全事故隐患向项目负责人和安全生产管理机构报告；对于违章指挥、违章作业的，立即制止。

项目经理部，应建立以项目经理为组长的安全生产管理小组，按工程规模设安全生产管理机构或配专职安全生产管理人员。

班组设兼职安全员，协助班组长进行安全生产管理。

（3）安全生产责任体系。

1）项目经理为项目经理部安全生产第一责任人。

2）分包单位负责人为单位安全生产第一责任人，负责执行总包单位安全管理规定和法规，组织本单位安全生产。

3）作业班组负责人作为本班组或作业区域安全生产第一负责人，贯彻执行上级指令，保证本区域、本岗位安全生产。

（4）安全生产资金。施工现场安全生产资金主要包括以下内容。

1）施工安全防护用具及设施的采购和更新的资金。

2）安全施工措施的资金。

3）改善安全生产条件的资金。

4）安全教育培训的资金。

5）事故应急措施的资金。

由项目经理部制定安全生产资金保障制度，落实、管理安全生产资金。

（5）安全生产管理制度。安全生产管理制度主要包括以下内容。

1）安全生产许可证制度。

2）安全生产责任制度。

3）安全生产教育培训制度。

4）安全生产资金保障制度。

5）安全生产管理机构和专职人员制度。

6）特种作业人员持证上岗制度。

7）安全技术措施制度。

8）专项施工方案专家论证审查制度。

9）施工前详细说明制度。

10）消防安全责任制度。

11）防护用品及设备管理制度。

12）起重机械和设备实施验收登记制度。

13）三类人员考核任职制度。

14）意外伤害保险制度。

15）安全事故应急救援制度。

16）安全事故报告制度。

（6）施工安全管理的程序。

1）施工安全管理的程序如图6-1所示。

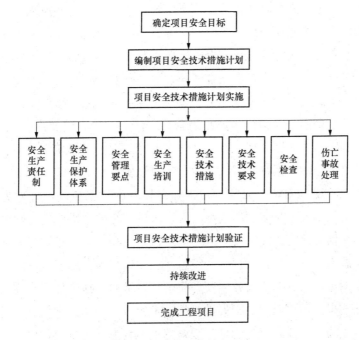

图6-1 施工安全管理程序

①确定项目的安全目标。按"目标管理"方法，以项目经理为首的项目管理

系统进行分解，从而确定每个岗位的安全目标，实现全员安全管理。

②编制项目安全技术措施计划。对生产过程中的不安全因素，用技术手段加以消除和控制，并用文件的方式表示，这是落实"预防为主"方针的具体体现，是进行项目安全管理的指导性文件。

③安全技术措施的落实和实施。包括建立健全安全生产责任制、设置安全生产设施、进行安全教育和培训、沟通和交流信息、通过安全管理使生产作业的安全状态处于受控状态。

④安全技术措施计划的验证。包括安全检查、纠正不符合情况，并做好检查记录工作。根据实际情况补充和修改安全技术措施。

⑤持续改进，直至完成建设项目的所有工作。

2）安全管理工作的内容：项目实施过程中存在着许多不安全因素，控制人的不安全行为和物的不安全状态是安全管理的重点，其主要内容包括：①进行安全立法、执行和守法。项目实施人员首先应熟悉相关的法律法规，并在项目实施过程中严格执行。同时，应针对项目特点，制定自己的安全管理制度，并以此为依据，对项目实施过程进行经常性的、制度化和规范化的管理。按照安全法规的规定进行工作，使安全法规变为行动，产生效果；②建立健全控制体系。建立安全管理组织机构，形成安全组织系统；明确各部门人员的职责，形成安全管理责任系统。配备必要的资源，形成安全管理要素系统。最终形成具有安全管理和安全组织的有机整体；③进行安全教育和培训。进行安全教育与培训能增强人的安全生产意识，提高安全生产要素，有效地防止人的不安全行为，减少人的失误。安全教育、培训是进行人的行为控制的重要方法和手段。因此，进行安全教育、培训要适时、宜人，内容合理，方式多样，形成制度。组织安全教育、培训应做到严肃、严格、严谨、系统，讲求实效；④采取安全技术措施。针对实施中已知的和已出现的危险因素，采取的一切消除或控制的技术措施，统称为技术性措施。针对项目的不安全状态的形成和发展，采取安全技术措施，将物的不安全状态消除在生产活动之前，或引发事故之前，这是安全管理的重要任务之一。安全技术措施是改善生产工艺，改进生产设备，控制生产因素不安全状态，预防与消除危险因素对人产生伤害的有效手段。安全技术措施包括为使项目安全实现的一切技术方法与措施，以及避免损失扩大的技术手段。安全技术措施应针对具体的危险因素或不安全状态，以控制危险因素的生成与发展为重点，以控制效果的好坏作为评价安全技术措施的唯一标准；⑤进行安全检查与考核。安全检查与考核的目的是及时发现、处理、消除不安全因素，检查执行安全法规的状况等，从而进行安全改进，消除隐患，提高控制水平；⑥作业标准化。在操作者产生的不安全行为中，由于不熟悉正确的操作方法，坚持自己的操作习惯等原因所占比例较大。按科学的作业标准规范人的行为，有利于控制人的不安全行为，减少人的失误。

实施作业标准化的首要条件是制定作业标准。作业标准的制定应采取技术人员、管理人员、操作者三结合的方式根据操作的具体条件制定。并坚持反复实践，反复修订后加以确定的原则。作业标准应明确规定操作程序、步骤，并尽量使操作简单化、专业化。

（7）施工项目安全保证计划。根据安全生产策划的结果，编制施工项目安全保证计划，主要是规划安全生产目标，确定过程控制要求，制订安全技术措施，配备必要资源，确保安全保证目标实现。它充分体现了施工项目安全生产必须坚持"安全第一、预防为主"的方针，是生产计划的重要组成部分，是改善劳动条件、搞好安全生产工作的一项行之有效的制度，其主要有以下内容。

1）项目经理部应根据项目施工安全目标的要求配置必要的资源，确保施工安全保证目标的实现。危险性较大的分部分项工程要制定安全专项施工方案并采取安全技术措施。

2）施工项目安全保证计划应在项目开工前编制，经项目经理批准后实施。

3）施工项目安全保证计划的内容主要包括：工程概况、控制程序、控制目标、组织结构、职责权限、规章制度、资源配置、安全措施、检查评价、奖惩制度等。

4）施工平面图设计是项目安全保证计划的一部分，设计时应充分考虑安全、防火、防爆、防污染等因素，满足施工安全生产的要求。

5）项目经理部应根据工程特点、施工方法、施工程序、安全法规和标准的要求，采取可靠的技术措施，消除安全隐患，保证施工安全和周围环境的保护。

6）对结构复杂、施工难度大、专业性强的项目，除制订项目总体安全保证计划外，还须制订单位工程或分部、分项工程的安全施工措施。

7）对高空作业、井下作业、水上作业、水下作业、深基础开挖、爆破作业、脚手架上作业、有害有毒作业、特种机械作业等专业性强的施工作业，以及从事电气、压力容器、起重机、金属焊接、井下瓦斯检验、机动车和船舶驾驶等特殊工种的作业，应制订单项安全技术方案和措施，并应对管理人员和操作人员的安全作业资格和身体状况进行合格审查。

8）安全技术措施是为防止工伤事故和职业病的危害而从技术上采取的措施，应包括：防火、防毒、防爆、防洪、防尘、防雷击、防触电、防坍塌、防物体打击、防机械伤害、防溜车、放高空坠落、防交通事故、防寒、防暑、防疫、防环境污染等方面的措施。

9）实行总分包的项目，分包项目安全计划应纳入总包项目安全计划，分包人应服从承包人的管理。

（8）施工项目安全保证计划的实施。施工项目安全保证计划实施前，应按要求上报，经项目业主或企业有关负责人确认审批，后报上级主管部门备案。执行安全计划的项目经理部负责人也应参与确认。主要是确认安全计划的完整性和可行性；项目经理部满足安全保证的能力；各级安全生产岗位责任制和与安全计划不一致的事宜都是否解决等。

施工项目安全保证计划的实施主要包括项目经理部制订并建立安全生产管理措施和组织系统、执行安全生产责任制、对全员有针对性地进行安全教育和培训、加强安全技术交底等工作。

2. 现场施工环境管理计划

确定项目重要环境因素，制订项目环境管理目标。

（1）建筑工程常见的环境因素：①大气污染；②垃圾污染；③建筑施工中建筑机械发出的噪声和强烈的振动；④光污染；⑤放射性污染；⑥生产、生活污水排放。

环境因素可用表格表示，表格及示例见表6-2。

表6-2　　　　　　　　　环境因素评价表

序号	工序/工作活动	环境因素	环境影响	评价方法
1	混凝土搅拌	粉尘排放	污染大气	定性
		噪声排放	影响居民	定量
2				
3				
4				
5				

（2）环境管理目标。可对实现环境管理目标的方法和时间进行细化，见表

6-3、表6-4。

表6-3　　　　　　　　　　　　　　环境管理目标

序号	环境因素	环境目标	环境指标	完成期限	责任实施部门	协助管理部门	实施监控部门
1							
2							
3							

表6-4　　　　　　　　实现环境管理目标的方法和时间表

序号	环境目标和指标	实现方法	责任人	实施时间
1				
2				
3				

（3）机构及资源配置。

1）建立项目环境管理的组织机构并明确职责。

2）根据项目特点进行，资源配置可用表格表示，见表6-5。环境保护资源包括洒水设施、覆盖膜等防护用品和粉尘测定仪、噪声测定仪，以及有毒气体测定仪等环境检测器具。

表6-5　　　　　　　　　　环境保护的资源配置

序号	环境保护用资源名称	数量	使用特征	保管人
1				
2				
3				

（4）制订现场环境保护的控制措施。现场环境保护的控制措施包括现场泥浆、污水和排水；现场爆破危害防止；现场打桩震害防止；现场防尘和防噪声；现场地下旧有管线或文物保护；现场熔化沥青及其防护；现场及周边交通环境保护；以及现场卫生防疫和绿化工作等措施。

（5）建立现场环境检查制度。建立现场环境检查制度并对环境事故的处理做出相应规定。包括施工现场卫生管理制度、现场化学危险品管理制度、现场有毒有害废弃物管理制度、现场消防管理制度、现场用水用电管理制度等。

三、现场施工安全措施及检查

1. 施工安全管理的基本要求

（1）必须取得安全行政主管部门颁发的《安全施工许可证》后方可开工。

（2）总承包单位和每个分包单位都应持有《施工企业安全资格审查认可证》。

（3）各类人员必须具备相应的执业资格才能上岗。

（4）所有新员工必须经过三级安全教育，即进厂、进车间和进班组的安全教育。

（5）特殊工种作业人员必须持有特殊作业操作证，并严格按规定定期进行复查。

（6）对查出的安全隐患要做到"五定"，即定整改责任人、定整改措施、定整改完成时间、定整改完成人、定整改验收人。

（7）必须把好安全生产"六关"，即措施关、交底关、教育关、防护关、检查关、改进关。

（8）施工现场安全设施齐全，并符合国家及地方有关规定。

（9）施工机械（特别是现场安设的起重设备等）必须经安全检查合格后方可使用。

2. 现场施工安全管理方法

（1）危险源的概念。

1）危险源的定义。危险源是可能导致人身伤害或疾病、财产损失、工作环境破坏或这些情况组合的危险因素和有害因素。

危险因素，强调突发性和瞬间作用的因素；有害因素，强调在一定时期内的慢性损害和累积作用。

危险源是安全管理的主要对象，所以，有人把安全管理也称为危险控制或安全风险控制。

2）两类危险源。在实际生活和生产过程中的危险源是以多种多样的形式存在，危险源导致事故可归结为能量的意外释放或有害物资的泄漏。根据危险源导致在事故发生发展中的作用把危险源分为两大类，即第一类危险源和第二类危险源。其中：①第一类危险源。可能发生意外释放的能量的载体或危险物资，称作第一类危险源。能量或危险物资的意外释放是事故发生的物理本质。通常把产生能量的能量源或拥有能量的能量载体作为第一类危险源来处理；②第二类危险源。造成约束、限制能量措施失效或破坏的各种不安全因素，称作第二类危险源。在生产、生活中，为了利用能量，人们制造了各种机械设备，让能量按照人们的意图在系统中流动、转换和做功为人类服务，而这些设备又可以看成是限制约束能量的工具。在正常情况下，生产过程中的能量或危险物质受到约束或限制，不会发生意外释放，即不会发生事故。但是，一旦这些约束或限制能量或危险物资的措施受到破坏或失效（故障），则将发生事故。第二类危险源包括人的不安全行为、物资的不安全状态和不良环境条件三个方面。

3）危险源和事故。事故的发生是两类危险源共同作用的结果，第一类危险源是事故发生的前提，第二类危险源的出现是第一类危险源导致事故的必要条件。在事故的发生和发展过程中，两类危险源相互依存，相辅相成。第一类危险源是事故的主体，决定事故的严重程度；第二类危险源出现的难易，决定事故发生的可能性大小。

（2）危险源控制的方法。

1）危险源辨识与风险评价。

①危险源的辨识方法。

a. 专家调查法。专家调查法是通过向有经验的专家咨询、调查、辨识、分析和评价危险源的一类方法，其优点是简便、易行，其缺点是受专家的知识、经验和占有资料的限制，可能出现遗漏。常用的有头脑风暴法（Brainstorming）和德尔菲（Delphi）法。

头脑风暴法是通过专家创造性的思考，从而产生大量的观点、问题和议题的方法。其特点是多人讨论，集思广益，可以弥补个人判断的不足，常采取专家会议的方式来相互启发、交换意见，使危险、危害因素的辨识更加细致、具体。常用于目标比较单纯的议题，如果涉及面较广，包含因素多，可以分解目标，再对单一目标或简单目标使用本方法。

德尔菲法是采用背对背的方式对专家进行调查，其特点是避免了集体讨论中的从众性倾向，更代表专家的真实意见。要求对各种意见进行汇总统计处理，再反馈给专家反复征求意见。

b. 安全检查表法（SCL）。安全检查表实际上就是实施安全检查和诊断项目的明细表。运用已编制好的安全检查表，进行系统的安全检查，辨识工程项目存在的危险源。检查表的内容一般包括分类项目、检查内容及要求、检查后处理意见等。可以用"是""否"做回答或"√""×"符号做标记，同时注明检查日期，并由检查人员和被检单位同时签字。

安全检查法的优点是：简单易懂、容易掌握，可以事先组织专家编制检查项目，使安全检查做到系统化、完整化，缺点是一般只能做出定性评价。

②风险评价的方法。风险评价是评估危险源所带来的风险大小及确定风险是否可容许的全过程。根据评价结果对风险进行分级，按不同级别的风险有针对性地采取风险控制措施。

2）危险源的控制方法。

①第一类危险源的控制方法。

a. 防止事故发生的方法：消除危险源、限制能量或危险物资、隔离。

b. 避免或减少事故损失的方法：隔离、个体防护、设置薄弱环节、使能量或危险物资按人们的意图释放、避难与援救措施。

②第二类危险源的控制方法。

a. 减少故障：增加安全系数、提高可靠性、设置安全监控系统。

b. 故障—安全设计：包括故障—消极方案（即故障发生后，系统处于最低能量状态，直到采取校正措施之前不能运转）；故障—积极方案（即故障发生后，在没有采取校正措施之前使系统、设备处于安全的能量状态下）；故障—正常方案（即保证在采取校正行动之前，设备系统正常发挥功能）。

（3）危险源控制的策划原则。

1）尽可能完全消除有不可接受风险的危险源，如用安全品取代危险品。

2）如果是不可能消除有重大风险的危险源，应努力采取降低风险的措施，如使用低压电器等。

3）条件允许时，应使工作适合于人，如考虑降低人的精神压力和体能消耗。

4）应尽可能利用技术进步来改善安全管理措施。

5）将技术管理与程序控制结合起来。应考虑引入诸如机械安全防护装置的维护计划的要求。

6）在各种措施还不能绝对保证安全的情况下，作为最终手段，还应考虑使用个人防护用品。

7）应有可行、有效的应急方案。

8）预防性测定指标是否符合监视控制措施计划的要求。

不同的组织可根据不同的风险量选择适合的控制策略。表6-6为简单风险控制策划表。

表 6-6 风险控制策划表

序	风险	措 施
1	可忽略的	不采取措施且不必保留文件记录
2	可容许的	不需要另外的控制措施，应考虑投资效果更佳的解决方案或不增加额外成本的改进措施，需要监视来确保控制措施得以维持
3	中度的	应努力降低风险，但应仔细测定并限定预防成本，并在规定的时间期限内实施降低风险的措施。在中度风险与严重伤害后果相关的场合，必须进一步评价，以更准确地确定伤害的可能性，以确定改进控制措施
4	重大的	直至风险降低后才能开始工作。为降低风险有时必须配给大量的资源。当风险涉及正在进行中的工作时，就应采取应急措施
5	不容许的	只有当风险已经降低时，才能开始或继续工作。如果无限的资源投入也不能降低风险，就必须禁止工作

3. 施工安全技术措施及实施

（1）施工安全技术措施计划。

1）建设工程施工安全技术措施计划的主要内容包括：工程概况、控制目标、控制程序、组织机构、职责权限、规章制度、资源配置、安全措施、检查评价、奖惩制度等。具体为：①项目概况，包括项目的基本情况，可能存在的不安全因素等；②安全管理目标和管理目标：应明确安全管理和安全管理的总目标和子目标，且目标要具体化；③安全管理和管理程序，主要应明确安全管理和管理的过程和安全事故的处理过程；④安全组织机构：包括安全机构形式、安全组织机构的组成；⑤职责权限：根据组织机构状况，明确不同层次、各相关人员的职责和权限，进行责任分配；⑥规章制度：包括安全管理制度、操作规程、岗位职责等规章制度的建立，应遵循的法律、法规和标准；⑦资源配置：针对项目特点，提出安全管理和控制所必需的材料、设施等资源要求和具体配置方案；⑧安全措施：针对不安全因素，确定相应措施；⑨检查评价：明确检查评价的方法和评价标准；⑩奖惩制度：明确奖惩标准和方法。

安全计划是进行安全管理和管理的指南，是考核安全管理和管理工作的依据。安全计划应在项目开始实施前制订，在项目实施过程中不断加以调整和完善。

2）编制施工安全技术措施计划时，对于某些特殊情况应考虑：①对结构复杂、施工难度大、专业性较强的工程项目，除制订项目总体安全保障计划外，还必须制订单位工程或分部分项工程的安全技术措施；②对高处作业、井下作业等专业性强的作业，电器、压力容器等特殊工种作业，应制订单项安全技术规程，并对管理人员和操作人员的安全作业资格和身体状况进行合格检查。

3）制订和完善施工安全操作规程，编制各施工工种，特别是危险性较大工种的安全施工操作要求，作为规范和考核员工安全行为的依据。

4）施工安全技术措施：施工安全技术措施包括安全防护设施的设置和安全预防措施，主要有17方面的内容，如防火、防毒、防爆、防洪、防尘、防雷击、防触电、防坍塌、防物体打击、防机械伤害、防起重设备滑落、防高空坠落、防交通事故、防寒、防暑、防疫、防环境污染方面的措施。

（2）项目施工安全技术方案的编制。

1）编制依据：依据国家和政府颁发的有关安全生产的法规、法律，行业有关安全生产的规范、规程和制度。

2）编制原则：①安全技术方案的编制，必须考虑现场的实际情况、施工特点及周围作业环境，措施要有针对性；②在施工过程中可能发生的危险因素及建筑物周围的外部环境等不利因素，都必须从技术上采取具体有效的预防措施；③安全技术方案必须有设计、计算、详图、文字说明。

3）施工中要编制安全施工方案内容如下：①深基坑基础施工与土方开挖方案；②±0.000以下结构施工防护方案；③工程临电技术方案；④结构施工临边、洞口、施工作业防护安全技术措施；⑤垂直交叉作业防护方案；⑥高处作业安全技术方案；⑦塔吊、施工外用电梯、电动吊篮、垂直提升架等安装与拆除安全技术方案；⑧大模板施工安全技术方案；⑨高大、大型脚手架、整体式爬升（或提升）脚手架安全技术方案；⑩特殊脚手架—吊篮架、插口架、悬挑架、挂架等安全技术方案；⑪钢结构吊装安全技术方案；⑫防水施工安全技术方案；⑬大型设备安装安全技术方案；⑭新工艺、新技术、新材料施工安全技术措施；⑮冬、雨期施工安全技术措施；⑯临街防护、临近外架供电线路、地下供电、供气、通风、管线，毗邻建筑物防护等安全技术措施；⑰主体结构、装修工程安全技术方案。

（3）施工安全技术措施的实施。

1）安全生产责任制：建立安全生产责任制是施工安全技术措施计划实施的重要保证。安全生产责任制是指企业对项目经理部各级领导、各个部门、各类人员所规定的在他们各自职责范围内对安全生产应负责任的制度。

2）安全教育：①广泛开展安全生产的宣传教育，使全体员工真正认识到安全生产的重要性和必要性，懂得安全生产和文明施工的科学知识，牢固树立安全第一的思想，自觉地遵守各项安全生产法规和规章制度；②将安全知识、安全技能、设备性能、操作规程、安全法规等作为安全教育的主要内容；③建立经常性的安全教育考核制度，考核成绩要记入员工档案；④电工、电焊工、架子工、司炉工、爆破工、机操工、起重工、机械司机、机动车辆司机等特殊工种工人，除一般安全教育外，还要经过专业安全技能培训，经过考试合格持证后，方可独立操作；⑤采用新技术、新工艺、新设备施工和调换工作岗位时，也要进行安全教育，未经安全教育培训的人员不得上岗操作。

3) 安全技术交底：①安全技术交底的基本要求：a. 项目经理部必须实行逐级安全技术交底制度，纵向延伸到班组全体作业人员；b. 技术交底必须具体、明确，针对性强；c. 技术交底的内容应针对分部分项工程施工中给作业人员带来的潜在危害和存在的问题；d. 应优先采用新的安全技术措施；e. 应将工程概况、施工方法、施工程序、安全技术措施等向工长、班组长进行详细交底；f. 定期向由两个以上作业队和多工种进行交叉施工的作业队伍进行书面交底；g. 保存书面安全技术交底签字记录；②安全技术交底的内容：a. 本工程项目的施工作业特点和危险点；b. 针对危险点的具体预防措施；c. 应注意的安全事项；d. 相应的安全操作规程和标准；e. 发生事故后应及时采取的避难和急救措施。

4. 现场安全管理网络及各阶段要点

（1）安全管理网络。

1) 施工现场安全防护管理网络如图 6-2 所示。

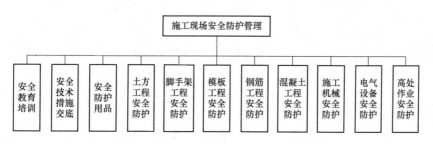

图 6-2　施工现场安全防护管理网络

2) 施工现场临时用电管理网络如图 6-3 所示。

3) 施工现场机械安全管理网络如图 6-4 所示。

4) 施工现场消防保卫管理网络如图 6-5 所示。

5) 施工现场管理网络如图 6-6 所示。

（2）基础施工阶段安全管理要点。

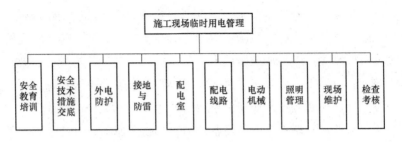

图 6-3　施工现场临时用电管理网络

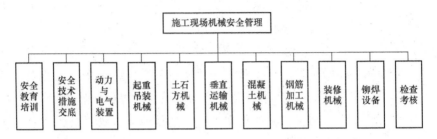

图 6-4　施工现场机械安全管理网络

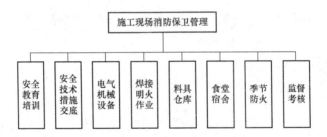

图 6-5　施工现场消防保卫管理网络

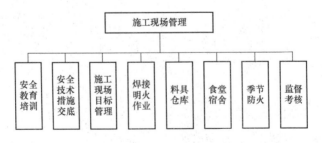

图 6-6　施工现场管理网络

1）挖土机械作业安全。

2）边坡防护安全。

3）降水设备与临时用电安全。

4）防水施工时的防火、防毒。

5）人工挖扩孔桩安全。

（3）结构施工阶段安全管理要点。

1）临时用电安全。

2）内外架及洞口防护。

3）作业面交叉施工及临边防护。

4）大模板和现场堆料防倒塌。

5）机械设备的使用安全。

（4）装修阶段安全管理要点。

1）室内多工种、多工序的立体交叉防护。

2）外墙面装饰防坠落。

3）做防水和油漆的防火、防毒。

4）临电、照明及电动工具的使用安全。

（5）季节性施工安全管理要点。

1）雨季防触电、防雷击、防尘、防沉陷坍塌、防大风，保证临时用电安全。

2）高温季节防中暑、中毒、防疲劳作业。

3）冬期施工防冻、防滑、防火、防煤气中毒、防大风雪、防大雾，保证用电安全。

5. 分包安全技术管理

实行施工总承包的建设项目，总包单位应对分包单位的进场安全进行总交底，以保障施工生产的顺利进行。各施工单位必须认真执行以下要求。

（1）贯彻执行国家、行业的安全生产、劳动保护和消防工作的各类法规、条例、规定；遵守企业的各项安全生产制度、规定及要求。

（2）分包单位要服从总包单位的安全生产管理。分包单位的负责人必须对本单位职工进行安全生产教育，以增强法制观念和提高职工的安全意识及自我保护能力，自觉遵守安全生产六大纪律、安全生产制度。

（3）分包单位应认真贯彻执行工地的分部分项、分工种及施工安全技术交底要求。分包单位的负责人必须检查具体施工人员落实情况，并进行经常性的督促、指导，确保施工安全。

（4）分包单位的负责人应对所属施工及生活区域的施工安全、文明施工等各方面工作全面负责。分包单位负责人离开现场，应指定专人负责，办理书面委托管理手续。分包单位负责人和被委托负责管理的人员，应经常检查督促本单位职工自觉做好各方面工作。

（5）分包单位应按规定，认真开展班组安全活动。施工单位负责人应定期参加工地、班组的安全活动，以及安全、防火、生活卫生等检查，并做好检查活动的有关记录。

（6）分包单位在施工期间必须接受总包方的检查、督促和指导。同时，总包方应协助各施工单位搞好安全生产、防火管理。对于查出的隐患及问题，各施工单位必须限期整改。

（7）分包单位对各自所处的施工区域、作业环境、安全防护设施、操作设施设备、工具用具等必须认真检查，发现问题和隐患立即停止施工，落实整改。如本单位无能力落实整改，应及时向总包汇报，由总包协调落实有关人员进行整改，分包单位确认安全后，方可施工。

（8）由总包提供的机械设备、脚手架等设施，在搭设、安装完毕交付使用前，总包需会同有关分包单位共同按规定验收，并做好移交使用的书面手续，严禁在未经验收或验收不合格的情况下投入使用。

（9）分包单位与总包单位如需相互借用或租赁各种设备以及工具的，应由双方有关人员办理借用或租赁手续，制定有关安全使用及管理制度。借出单位应保证借出的设备和工具完好并符合要求，借入单位必须进行检查并做好书面移交记录。

（10）分包单位对于施工现场的脚手架、设施、设备的各种安全防护设施、保险装置、安全标志和警告牌等不得擅自拆除、变动。如确需拆除变动的，必须经总包施工负责人和安全管理人员的同意，并采取必要、可靠的安全措施后方能拆除。

（11）特种作业及中、小型机械的操作人员，必须按规定经有关部门培训、考核合格后，持有效证件上岗作业。起重吊装人员必须遵守"十不吊"规定，严禁违章、无证操作，严禁不懂电气、机械设备的人员擅自操作使用电气、机械设备。

（12）各施工单位必须严格执行防火防爆制度，易燃易爆场所严禁吸烟及动用明火，消防器材不准挪作他用。电焊、气割作业应按规定办理动火审批手续，严格遵守"十不烧"规定，严禁使用电炉。冬期施工如必须采用明火加热的防冻措施，应取得总包防火主管人员同意，落实防火、防中毒措施，并指派专人值班看护。

（13）分包单位需用总包提供的电气设备时，在使用前应先进行检测，如不符合安全使用规定，应及时向总包提出，总包应积极落实整改，整改合格后方准使用，严禁擅自乱拖、乱拉，私接电气线路及电气设备。

（14）施工过程中，分包单位应注意地下管线及高、低压架空线和通信设施、设备的保护。总包应将地下管线及障碍物情况向分包单位详细交底，分包单位应贯彻交底要求，如遇有问题或情况不明时要采取停止施工的保护措施，并及时向总包汇报。

（15）贯彻"谁施工谁负责安全、防火"的原则。分包单位在施工期间发生各类事故，应及时组织抢救伤员、保护现场，并立即向总包方和自己的上级单位及有关部门报告。

（16）按工程特点进行针对性交底。

6. 协力队伍安全生产管理

（1）不得使用未经劳动部门审核的协力队伍。

（2）对协力队伍人员要严格进行安全生产管理，保障协力队伍人员在生产过程中的安全和健康。

（3）协力队伍队长必须申请办理《施工企业安全资格认可证》。各用工单位应监督、协助协力队伍办理"认可证"，否则视同无安全资质处理。

（4）依照"管生产必须管安全"的原则，协力队伍必须明确一名领导作为本队安全生产负责人，主管本队日常的安全生产管理工作。50人以下的协力队伍，应设一名兼职安全员，50人及以上的协力队伍应设一名专职安全员。用工单位要负责对协力队伍专（兼）职安全员进行安全生产业务培训考核，对合格者签发《安全生产检查员》证。协力队伍专（兼）职安全员应持证上岗，纠正本队违章行为。

（5）协力队伍要保证人员相对稳定，确需增加或调换人员时，协力队伍领导必须事先提出计划，报请有关领导和部门审核。增加或调换的人员按新入场人员进行三级安全教育。凡未经同意擅自增加或调换人员，未经安全教育考试上岗作业者，一经发现，追究有关部门和协力队伍领导责任。

（6）协力队伍领导必须对本队人员进行经常性的安全生产和法制教育，必须服从用工单位各级安全管理人员的监督指导。用工单位各级安全管理人员有权按照规章制度，对违章冒险作业人员进行经济处罚，停工整顿，直到建议清退出场。用工单位应认真研究安全管理人员的建议，对决定清退出场的协力队伍，用工单位必须及时上报集团总公司相关职能部门，劳务部门当年不得再与该队伍签订用工协议，也不得转移到其他单位，若发现因协力队伍严重违章应清退出场而未清退或转移到集团其他单位的情况，则追究有关人员责任。

（7）协力队伍自身必须加强安全生产教育，提高技术素质和安全生产的自我保护意识，认真执行班前安全讲话制度，建立每周1次安全生产活动日制度。讲评一周安全生产情况，学习有关安全生产规章制度，研究解决存在安全隐患，表彰好人好事，批评违章行为，组织观看安全生产录像等，并做好活动记录。

（8）协力队伍领导和专（兼）职安全员必须每日上班前对本队的作业环境、设施设备的安全状态进行认真检查，对检查发现的隐患，应本着凡是自己能解决的，不推给上级领导的原则，立即解决。凡是检查发现的重大隐患，必须立即报告项目经理部的安全管理员。

（9）协力队伍领导和专（兼）职安全员应在本队人员作业过程中巡视检查，随时纠正违章行为，解决作业中人为形成的隐患。下班前对作业中使用的设施设备进行检查，确认机电是否拉闸断电，用火是否熄灭，活儿完料净场地清，确认无误，方准离开现场。

（10）凡违反有关规定，使用未办理《施工企业安全资格认可证》、未经注册登记、无用工手续的协力队伍或对协力队伍没有进行三级安全教育，安全部门有权对用工单位和直接责任者进行经济处罚。造成严重后果、触犯刑法的，提交司法部门处理。

7. 现场施工安全检查要点

工程项目安全检查的目的是消除隐患、防止发生事故、改善劳动条件及提高员工安全生产意识，保证安全管理的顺利进行。通过安全检查可以发现工程中的危险因素，以便有计划地采取措施，保证安全生产。施工项目的安全检查应由项目经理组织，定期进行。

（1）安全检查的类型。安全检查可分为日常性检查、专业性检查、季节性检查、节假日前后检查和不定期检查。

1）日常性检查：日常性检查即经常的、普遍的检查。企业一般每年进行1～4次；工程项目组、车间、科室每月至少进行1次；班组每周、每班次都应进行检查。专职安全人员的日常检查应该有计划，针对重点部位周期性地进行。

2）专业性检查：专业性检查是针对特种作业、特种设备、特殊场所进行的检查，如电焊、气焊、起重设备、运输车辆、锅炉压力容器、易燃易爆场所等。

3）节假日前后检查：节假日前后检查是针对节假日期间容易产生麻痹思想的特点而进行的安全检查，包括节假日前进行的安全生产综合检查，节假日后要进行遵章守纪的检查。

4）不定期检查：不定期检查是指在工程或设备开工和停工前、检修中、工程或设备竣工及试运转时进行的安全检查。

（2）安全检查的注意事项。

1）安全检查要深入基层、紧紧依靠职工，坚持领导与群众相结合的原则，组织好检查工作。

2）建立检查的组织领导机构，配备适当的检查力量，挑选具有较高技术业务水平的专业人员参加。

3）做好检查的各项准备工作，包括思想、业务知识、法规政策和检查设备、奖金的准备。

4）明确检查的目的和要求。既要严格要求，又要防止一刀切，要从实际出发，分清主次矛盾，力求实效。

5）把自查与互查有机地结合起来。基层以自检为主，企业内部相应部门间互相检查，取长补短，相互学习和借鉴。

6）坚持查改相结合。检查不是目的，只是一种手段，整改才是最终目的。发现问题要及时采取切实有效的防范措施。

7）建立检查档案。结合安全检查表的实施，逐步建立健全检查档案，收集基本的数据，掌握基本安全状况，为及时消除隐患提供数据，同时也为以后职业健康、安全检查奠定基础。

8）在制定安全检查表时，应根据用途和目的具体情况确定安全检查表的种类。

（3）安全检查的主要内容。

1）查思想：主要检查企业的领导和职工对安全生产工作的认识。

2）查管理：主要检查工程的安全生产管理是否有效。主要内容包括：安全生产责任制，安全技术措施计划，安全组织机构，安全保证措施，安全技术交底，安全教育，持证上岗，安全设施，安全标志，操作规程，违规行为，安全记录等。

3）查整改：主要检查对过去提出的问题的整改情况。

4）查事故处理：对安全事故的处理应达到查明事故原因、明确责任并对责任者做出处理、明确和落实整改措施等要求。同时，还应对事故是否及时报告、认真调查、严肃处理。

安全检查的重点是违章指挥和违章作业。安全检查后应编制安全检查报告，说明已达标项目和未达标项目，存在问题和原因分析，纠正和预防措施。

（4）项目经理部安全检查的主要规定。

1）定期对安全管理计划的执行情况进行检查、记录、评价和考核。对作业中存在的不安全行为和隐患，签发安全整改通知，由相关部门制定整改方案，落实整改措施，实施整改后应予复查。

2）根据施工过程的特点和安全目标的要求确定安全检查的内容。安全检查应配备必要的设备和器具，确定检查负责人和检查人员，并明确检查的方法和要求。

3）检查应采取随机抽样，现场观察和实地检测的方法，并记录检查结果，纠正违章指挥和违章作业。

4）对检查结果进行分析，找出安全隐患，确定危险程度。

5）编写安全检查报告并上报。

四、文明施工和环境保护

1. 现场文明施工

（1）文明施工的概念。文明施工是保持施工现场良好的作业环境、卫生环境和工作秩序。文明施工是施工组织科学、施工程序合理的一种施工现象。文明施工的现场有整套的施工组织设计（或施工方案），有健全的施工指挥系统和岗位责任制，工序交叉衔接合理，交接责任明确，各种临时设施和材料、构件、半成品按平面位置堆放整齐，施工现场场地平整，道路通畅，排水设施得当，水电线路整齐，机具设备良好，使用合理，施工作业标准规范，符合消防和安全要求，对外界的干扰和影响较小等。一个工地的文明施工水平是该工地乃至企业各项管理水平的综合体现，也可以从一个侧面反映建设者的文化素质和精神风貌。

文明施工主要包括以下几个方面的工作。

1）规范施工现场的场容，保持作业环境的整洁、卫生。

2）科学组织施工，使生产有序进行。

3）减少施工对周围居民和环境的影响。

4）保证职工的安全和身体健康。

（2）文明施工的组织与管理。

1）组织和制度管理：①施工现场应成立以项目经理为第一责任人的文明施工管理组织。分包单位应服从总包单位的文明施工管理组织的统一管理，并接受监督检查；②各项施工现场管理制度应有文明施工的规定，包括岗位责任制、经济责任制、安全检查制度、持证上岗制度、奖惩制度、竞赛制度和各项专业管理制度等；③加强和落实现场文明检查、考核及奖惩管理，以促进施工文明管理工作提高。检查范围内容全面周到，包括生产区、生活区、场容场貌、环境文明及制度落实等内容。检查发现的问题应采取整改措施。

2）建立收集文明施工的资料及其保存的措施：①上级关于文明施工的标准、规定、法律法规等资料；②施工组织设计（方案）中对文明施工的管理规定，各阶段施工现场文明施工的措施；③文明施工自检资料；④文明施工教育、培训、考核计划的资料；⑤文明施工活动各项记录资料。

3）加强文明施工的宣传和教育：①在坚持岗位练兵基础上，要采取派出去、请进来、短期培训、上技术课、登黑板报、听广播、看录像、看电视等方法狠抓教育工作；②要特别注意对临时工的岗前教育；③专业管理人员应熟悉掌握文明施工的规定。

（3）现场文明施工的基本要求。

1）施工现场必须设置明显的标牌，标明工程的项目名称、建设单位、设计单位、施工单位、项目经理和施工现场总代表人的姓名、开工、竣工日期、施工许可证批准文号等。施工单位负责施工现场标牌的保护工作。

2）施工现场的管理人员在施工现场应佩戴证明其身份的证卡。

3）应当按照施工总平面布置图设置各项临时设施。现场堆放的大宗材料、成品、半成品和机具设备不得侵占场内道路及安全防护等设施。

4）施工现场的用电线路、用电设施的安装和使用必须符合安装规范和安全操作规程，并按照施工组织设计进行架设，严禁任意拉线接电。施工现场必须设有保证施工安全要求的夜间照明；危险潮湿场所的照明以及手持照明灯具，必须采用符合安全要求的电压。

5）施工机械应当按照施工总平面布置图规定的位置和线路设置，不得任意侵占场内道路。施工机械进场须经过安全检查，经检查合格的方能使用。施工机械操作人员必须建立机组责任制，并依照有关规定持证上岗，禁止无证人员操作。

6）应保证施工现场道路畅通，排水系统处于良好的使用状态；保持场容场貌的整洁，随时清理垃圾。在车辆、行人通行的地方施工，应当设置施工标志，并对沟井坎穴进行覆盖。

7）施工现场的各种安全设施和劳动保护器具，必须定期进行检查和维护，及时消除隐患，保证其安全、有效。

8）施工现场应当设置各类必要的职工生活设施，并符合卫生、通风、照明等要求。职工的膳食、饮水供应等应当符合卫生要求。

9）应当做好施工现场安全保卫工作，采取必要的防盗措施，在现场周边设立围护设施。

10）应当严格依照《中华人民共和国消防条例》的规定，在施工现场建立和执行防火管理制度，设置符合消防要求的消防设施，并保持完好的备用状态。在容易发生火灾的地区施工，或者储存、使用易燃易爆器材时，应当采取特殊的消防安全措施。

11）施工现场发生工程建设重大事故的处理，依照《工程建设重大事故报告和调查程序规定》执行。

2. 现场环境保护

（1）大气污染的防治。大气污染物的种类有数千种，已发现有危害作用的有100多种，其中大部分是有机物。大气污染通常以气体状态和粒子状态存在于空气中。

1）大气污染物的分类：①气体状态污染物。气体状态污染物具有运动速度较大，扩散较快，在周围大气中分布比较均匀的特点。气体状态污染物包括分子状态污染物和蒸汽状态污染物：a. 分子状态污染物：指常温常压下以气体分子形式分散于大气中的物资，如燃料燃烧过程中产生的二氧化硫（SO_2）、氮氧化物（NO）、一氧化碳（CO）等；b. 蒸汽状态污染物：指在常温常压下易挥发的物质，以蒸汽状态进入大气，如机动车尾气、沥青烟中含有的碳氢化合物、苯并[a]芘等；②粒子状态污染物。粒子状态污染物又称固体颗粒污染物，是分散于大气中的微小液滴和固体颗粒，粒径在 $0.01\sim100\mu m$ 之间，是一个复杂的非均匀体。通常根据粒子状态污染物在重力作用下的沉降特性，又可分为降尘和飘尘：a. 降尘：指在重力作用下能很快下降的固体颗粒，其粒径大于 $10\mu m$；b. 飘尘：指可长期漂浮于大气中的固体颗粒，其粒径小于 $10\mu m$。飘尘具有胶体的性质，故又称为气溶胶，它易随呼吸进入人体肺脏，危害人体健康，故又称为可吸入颗粒。

施工工地的粒子状态污染物主要有锅炉、熔化炉、厨房烧煤产生的烟尘。还有建材破碎、筛分、碾磨、加料过程、装卸运输过程产生的粉尘等。

2）大气污染的防治措施。空气污染的防治措施主要针对上述粒子状态污染物和气体状态污染物进行治理。主要方法如下：①除尘技术。在气体中除去或收集固态或液态粒子的设备称为除尘装置。主要种类有机械除尘装置、洗涤式除尘装置、过滤除尘装置和电除尘装置等。工地的烧煤茶炉、锅炉炉灶等应选用装有上述除尘装置的设备。工地其他粉尘可用遮盖、淋水等措施防治；②气态污染物的治理技术主要有以下几种方法：a. 吸收法：选用合适的吸收剂，可吸收空气中的 SO_2、H_2S、HF、NO_x 等；b. 吸附法：让气体混合物与多孔性固体接触，把混合物中的某个组分吸留在固体表面；c. 催化法：利用催化剂把气体中的有害物质转化为无害物资；d. 燃烧法：是通过热氧化作用，将废气中的可燃有害部分化为无害物资的方法；e. 冷凝法：是使处于气态的污染物冷凝，从气体分离出来的方法。该法特别适合处理有较高浓度的有机废气。如对沥青气体的冷凝，回收油品；f. 生物法：利用微生物的代谢活动过程把废气中的气态污染物转化为少害甚至无害的物质。该法应用广泛，成本低廉，但只适用于低浓度污染物。

3）施工现场空气污染的防治措施：①施工现场垃圾渣土要及时清理出现场；②高层或多层建筑清理施工垃圾时，要使用封闭式的专用垃圾道或采用容器吊运，或者其他措施处理高空废弃物，严禁随意凌空抛撒；③施工现场道路应指定专人定期洒水清扫，形成制度，防止道路扬尘；④对于细颗粒散体材料（如水泥、粉煤灰、白灰等）的运输、储存要注意遮盖、密封，防止和减少扬尘；⑤车辆开出工地要做到不带泥沙，基本做到不撒土、不扬尘，减少对周围环境的污染；⑥除设有符合规定的装置外，禁止在施工现场焚烧油毡、橡胶、塑料、皮革、树叶、枯草、各种包装物等废弃物品以及其他会产生有毒、有害烟尘和恶臭气体的物资；⑦机动车要安装减少尾气排放的装置，确保符合国家标准；⑧工地茶炉应尽量采用电热水器。若只能使用烧煤茶炉和锅炉时，应选用消烟除尘型茶炉和锅炉，大灶应选用消烟节能回风炉灶，使烟尘降至允许排放范围为止；⑨大城市市区的建设工程已不允许现场搅拌混凝土。在容许设置搅拌站的工地，应将搅拌站封闭严密，并在进料仓上方安装除尘装置，采用可靠措施控制工地粉尘污染；⑩拆除旧建筑物时，应配合适当洒水，防止扬尘。

（2）水污染的防治。

1）水源污染的主要来源：①工业污染源：指各种工业废水向自然水体的排放；②生活污染源：主要有食物废渣、食油、粪便、合成洗涤剂、杀虫剂、病原微生物等；③农业污染源：主要有化肥、农药等。

施工现场废水和固体废物随水流流入水体部分，包括泥浆、水泥、油漆、各类油类、混凝土外加剂、重金属、酸碱盐、非金属无机毒物等。

2）废水处理技术。废水处理的目的是把废水中所含的有害物质清理分离出来。废水处理可分为化学法、物理方法、物理化学方法和生物法。具体如下：①物理法：利用筛滤、沉淀、气浮等方法；②化学法：利用化学反应来分离、分解污染物，或使其转化为无害物资的处理方法；③物理化学方法：主要有吸附法、反渗透法、电渗析法；④生物法：生物处理法是利用微生物新陈代谢功能，将废水中成溶解和胶体状态的有机污染物降解，并转化为无害物资，使水得到净化。

3）施工过程水污染的防治：①禁止将有害有毒废弃物作土方回填；②施工现场进行搅拌作业的，必须在搅拌前台及运输车清洗处设置沉淀池。现制水磨石的污水，电石（碳化钙）的污水，排放的废水要排入沉淀池内经二次沉淀合格后，方可进入市政污水管线或回收用于洒水降尘，未经处理的泥浆水严禁直接排入城市排水设施和河流；③施工现场存放的油料，必须对库房地面进行防渗漏处理。如采用防渗混凝土地面，铺油毡等措施。使用时，要采取防止油料跑、冒、滴、漏的措施，以免污染水体；④施工现场100人以上的临时食堂，污水排放时可设置简易有效的隔油池，定期清理，防止污染；⑤工地临时厕所，化粪池应采取防渗漏措施。中心城市施工现场的临时厕所可采用水冲式厕所，并有防蝇、灭蛆措施，防止污染水体和环境；⑥化学用品、外加剂等要妥善保管，库内存放，防止污染环境。

（3）施工现场的噪声控制。

1）噪声的概念：①声音与噪声。声音是由物体振动产生的，当频率在20～20000Hz时，作用于人的耳鼓膜而产生的感觉，称之为声音。由声构成的环境称为"声环境"。当环境中的声音对人类、动物及自然物没有产生不良影响时，就是一种正常的物理现象。相反，对人的生活和工作造成不良影响的声音，就称之为噪声；②噪声的分类：a.噪声按振动性质，可分为气体动力噪声、机械噪声、电磁性噪声；b.噪声按噪声来源，可分为交通噪声（如汽车、火车、飞机等）、工业噪声（如鼓风机、汽轮机、冲压设备等）、建筑施工噪声（如打桩机、推土机、混凝土搅拌机等发出的声音）、社会生活噪声（如高音喇叭、收音机等）；c.噪声的危害。噪声是影响与危害非常广泛的环境污染问题。噪声环境可以干扰人的睡眠与工作、影响人的心理状态与情绪，造成人的听力损失，甚至引起许多疾病。此外，噪声对人们的对话干扰也是相当大的。

2）施工现场噪声的控制措施：噪声控制技术可从声源、传播途径、接收者防护等方面来考虑。具体为：①声源控制。从声源上降低噪声，这是防止噪声污染的最根本的措施：a. 尽量采用低噪声设备和工艺代替高噪声设备与加工工艺，如低噪声振捣器、风机、电动空压机、电锯等；b. 在声源处安装消声器消声，即在通风机、鼓风机、压缩机、燃气机、内燃机及各类排气放空装置等进出风管的适当位置设置消声器；②传播途径的控制。在传播途径上控制噪声的方法主要有以下几种：a. 吸声：利用吸声材料（大多由多孔材料制成）或由吸声结构形成的共振结构（金属或木质薄板钻孔制成的空腔体）吸收声能，降低噪声；b. 隔声：应用隔声结构，阻碍噪声向空气传播，将接收者与噪声声源分隔。隔声结构包括隔声室、隔声罩、隔声屏障、隔声墙等；c. 消声：利用消声器阻止传播。允许气流通过的消声降噪是防治空气动力性噪声的主要装置。如对空气压缩机、内燃机产生的噪声等；d. 减振降噪：对来自振动引起的噪声，通过降低机械振动减小噪声，如将阻尼材料涂在振动源上，或改变振动源与其他刚性结构的连接方式等；③接收者防护。让处于噪声环境的人员使用耳塞、耳罩等防护用品，减少相关人员在噪声环境中的暴露时间，以减轻噪声对人体的危害；④严格控制人为噪声。进入施工现场不得高声喊叫、无故甩打模板、乱吹哨，限制高音喇叭的使用，最大限度地减少噪声扰民；⑤控制强噪声作业的时间。凡在人口稠密区进行强噪声作业时，须严格控制作业时间，一般晚22：00 到次日早6：00之间停止强噪声作业。确系特殊情况必须昼夜施工时，尽量采取降低噪声措施，并会同建设单位找当地居委会、村委会或当地居民协调，出安民告示，求得群众谅解。

3）施工现场噪声的限值。根据国家标准《建筑施工场界环境噪声排放标准》（GB 12523—2011）的要求，对不同施工作业的噪声限值见表 6-7。在施工中，要特别注意不得超过国家标准的限值，尤其是夜间禁止打桩作业。

表 6-7　　　　　　　　　　建筑施工场界噪声限值

施工阶段	主要噪声源	噪声限值 [dB (A)]	
		昼间	夜间
土石方	推土机、挖掘机、装载机等	75	55
打桩	各种打桩机械等	85	禁止施工
结构	混凝土搅拌机、振捣棒、电锯等	70	55
装饰	吊车、升降机等	65	55

（4）固体废弃物的处理。

1）建筑工地上常见的固体废弃物：①固体废弃物的概念。固体废弃物是生产、建设、日常生活和其他活动中产生的固态、半固态废弃物质。固体废弃物是一个极其复杂的废物体系。按照其化学组成，可分为有机废物和无机废物；按照其对环境和人类健康的危害，可以分为一般废物和危险废物；②施工工地上常见的固体废物：a. 建筑渣土：包括砖瓦、碎石、渣土、混凝土碎块、废钢铁、碎玻璃、废弃装饰材料等；b. 废弃的散装建筑材料：包括散装水泥、石灰等；c. 生活垃圾：包括炊厨废物、丢弃食品、废纸、生活用具、玻璃、陶瓷碎片、废电池、废旧日用品、废塑料制品、煤灰渣、废交通工具等；d. 设备、材料等的废弃包装材料等；e. 粪便。

2）固体废弃物对环境的危害。固体废弃物对环境的危害是全方位的。主要表现在以下几个方面：①侵占土地：由于固体废弃物的堆放，可直接破坏土地和植被；②污染土壤：固体废物的堆放中，有害成分易污染土壤，并在土壤中发生积累，给作物生长带来危害。部分有害物质还能杀死土壤中的微生物，使土壤丧失腐解能力；③污染水体：固体废物遇水浸泡、溶解后，其有害成分随地表径流或土壤渗流污染地下水和地表水；此外，固体废物还会随风飘移进入水体造成污染；④污染大气：以细颗粒状存在的废渣垃圾和建筑材料在堆放和运输过程中，会随风扩散，使大气中悬浮的灰尘废弃物提高；此外，固体废物在焚烧等处理过程中，可能产生有害气体造成大气污染；⑤影响环境卫生：固体废物的大量堆放，会招致蚊蝇滋生，臭味四溢，严重影响工地以及周围环境卫生，对员工和工地附近居民的健康造成危害。

3）固体废物的处理和处置：①固体废物处理的基本思想是采取资源化、减量化和无害化的处理，对固体废物产生的全过程进行控制；②固体废物的处理方法：a. 回收利用：主要是对固体废物进行资源化、减量化的重要手段之一。对建筑渣土可视其情况加以利用。废钢可按需要用作金属原材料。对废电池等废弃物应分散回收，集中处理；b. 减量化处理：减量化是对已经产生的固体废物进行分选、破碎、压实浓缩、脱水等减少其最终处置量，减少处理成本，减少对环境的污染。在减量化处理的过程中，也包括和其他处理技术相关的工艺方法，如焚烧、热解、堆肥等；c. 焚烧技术：焚烧用于不适合再利用且不宜直接予以填埋处置的废物，尤其是对于受到病菌、病毒污染的物品，可以采用焚烧进行无害化处理。焚烧处理应使用符合环境要求的处理装置，注意避免对大气的二次污染；d. 稳定和固化技术：利用水泥、沥青等胶结材料，将松散的废物包裹起来，减小废物的毒性和可迁移性，使得污染减少；e. 填埋：填埋是固体废物处理的最终技术，经过无害化、减量化处理的废物残渣集中到填埋场进行处置。填埋场应利用天然或人工屏障。尽量使需处置废物与周围的生态环境隔离，并注意废物的稳定性和长期安全性。

3. 施工现场环境卫生管理措施

施工现场的环境卫生管理工作，要逐步做到科学化、规范化。

（1）施工现场要清洁整齐，无积水，车辆出入现场不得遗撒或者带泥沙。

（2）工地发生法定传染病和食物中毒时，要及时向卫生防疫部门和行政主管部门报告，并采取措施防止传染病传播。

（3）施工现场应设置饮水茶炉或电热水器，保证开水供应，并由专人管理和定期清洗、保持卫生。

（4）办公室、宿舍、食堂、吸烟室、饮水站、专用封闭垃圾间、厕所等必须有统一制作的标志牌。

（5）工地办公室要整洁、整齐、美观。

（6）宿舍要有开启式窗户，保证室内空气流通，夏季有防蚊蝇设施及电风扇，冬季有取暖设施，采用取暖炉的房间必须安装防煤气中毒的风斗。

（7）宿舍床铺整洁，不得私拉乱接电线，宿舍张贴卫生管理制度，每天有人打扫卫生。

（8）生活区垃圾必须按指定地点集中堆放，及时清理。垃圾堆放在封闭垃圾间。

（9）食堂必须有卫生许可证，炊事人员每年要进行一次健康体检，持有健康合格证及卫生知识培训证后，方可上岗。凡有其他有碍食品卫生的疾病，不得接触直接入口食品的制售和食品洗涤工作。

（10）炊事人员操作时必须穿戴好工作服、发帽，并保持清洁、整齐，搞好个人卫生，不打赤膊、不光脚、不随地吐痰。

（11）食堂操作间、仓库生熟食品必须分开存放，制作食品生熟分开。食品案板须有遮盖，不得食用腐烂变质食品。操作间刀、盆、案板等炊具生熟必须分开，存放炊具要有封闭式柜橱，各种炊具要干净、无锈。

（12）食堂操作间、库房要清洁卫生，做到无蝇、无鼠、无蛛网，并有防火措施，食堂内外要保持清洁、卫生，泔水桶要加盖。

（13）施工现场的厕所设置，要远离食堂30m以外，应做到墙壁、屋顶严密，门窗齐全有纱窗、纱门。做到天天打扫，每周撒白灰或打药一二次。厕所应采用冲水或加盖措施，保持通风、无异味，高层建筑楼内应设流动厕所，每天清理干净。

五、绿色施工

1. 绿色施工管理要求

主要包括组织管理、规划管理、实施管理、评价管理、人员安全与健康管理5个方面。

建设工程施工阶段严格按照建设工程规划、设计要求，通过建立管理体系和管理制度，采取有效的技术措施，全面贯彻落实国家关于资源节约和环境保护的政策，最大限度地节约资源，减少能源消耗，降低施工活动对环境造成的不利影响，提高施工人员的职业健康安全水平，保护施工人员的安全与健康。

2. 绿色施工管理措施

（1）环境保护措施，制订环境管理计划及应急救援预案，采取有效措施，降低环境负荷，保护地下设施和文物等资源。

（2）节材措施，在保证工程安全与质量的前提下，制订节材措施。如进行施工方案的节材优化，建筑垃圾减量化，尽量利用可循环材料等。

（3）节水措施，根据工程所在地的水资源状况，制订节水措施。

（4）节能措施，进行施工节能策划，确定目标，制订节能措施。

（5）节地与施工用地保护措施，制订临时用地指标、施工总平面布置规划及临时用地节地措施等。

第七章

项目施工进度管理与控制

一、项目施工进度管理计划

项目施工进度管理计划应按照项目施工的技术规律和合理的施工顺序，保证各工序在时间上和空间上顺利衔接。不同的工程项目其施工技术规律和施工顺序不同，即使是同一类工程项目，其施工顺序也难以做到完全相同。

因此，必须根据工程特点，按照施工的技术规律和合理的组织关系，解决各工序在时间与空间上的先后顺序和搭接问题，以达到保证质量、安全施工、充分利用空间、争取时间、实现经济合理安排进度的目的。

针对不同施工阶段的特点，制订进度管理的相应措施，包括施工组织措施、技术措施和合同措施等，用表格表示，见表7-1～表7-3。

表 7-1　　　　　　　　　　确保工期的组织措施表

序号	措施类别		措 施 内 容
1	成立管理组织结构		为确保本工程进度，成立由总包协调部和专业分包商及劳务作业层组成的组织机构
2	定期召开专题会议	总结经验	总结前一阶段工期管理方面的经验教训，提交并协调解决各类问题
		预测调整	根据前期完成情况和其他预测变化情况，及时调整后期计划并下达部署
3	开展工期竞赛活动		拿出一定资金作为工期竞赛奖励基金，引入经济奖励机制，结合质量管理情况，奖优罚劣，充分调动全体施工人员的积极性，确保各项工期目标顺利实现

表 7 - 2 确保工期的技术措施表

序号	新技术名称	保 证 措 施
1	全站仪测量定位技术	空间定位速度快、精度高，可缩短测量技术间歇
2	钢筋直螺纹连接技术	操作简单、质量可靠、能耗小，速度快且不受气候限制
3	泵送混凝土技术	混凝土质量稳定，施工速度快
4	大模板施工技术	

表 7 - 3 确保工期的合同措施表

序号	合同规定	保 证 措 施
1	施工图纸的提供	
2	工程签证办理	
3	隐蔽工程验收时间	
4	大宗材料提供	
5	资金支付	
6	业主分包项目管理	

二、施工进度计划概念和分类

1. 施工进度计划的概念

施工进度计划是施工现场各项施工活动在时空上的体现。编制施工进度计划就是根据施工中的施工方案和工程开展程序，对全工地所有的工程项目做出时空上的安排。其作用在于确定各个施工项目及其主要工程工种、准备工作和全工程的施工期限及开竣工日期，从而确定建筑施工现场上的劳动力、材料、成品、半成品、施工机具的需要数量和调配情况，以及现场临时设施的数量、水电供应数量和能源交通需要数量等。因此，正确地编制施工进度计划是保证建设项目按期交付使用，充分发挥投资效益，降低建筑工程成本的重要条件。

2. 施工进度计划的分类

施工进度计划按编制时间、编制对象、编制内容的不同进行分类，有以下几种情况：

（1）按编制时间不同分类。施工进度计划按编制时间不同，可分为年度项目施工进度计划、季度项目施工进度计划、月项目施工进度计划、旬日项目施工进度计划四种。

（2）按编制对象的不同分类。

1）施工进度计划按编制对象的不同，可分为施工总进度计划、单位工程进度计划、分阶段工程进度计划、分部分项工程进度计划四种，见表7-4。

表7-4   施工进度计划按编制对象不同分类

序号	进度计划种类	主　要　内　容
1	施工总进度计划	施工总进度计划是以一个建设项目或一个建筑群体为编制对象，用以指导整个建设项目或建筑群体施工全过程进度控制的指导性文件。施工总进度计划一般在总承包企业的总工程师领导下进行编制
2	单位工程进度计划	单位工程进度计划是以一个单位工程为编制对象，在项目总进度计划控制目标的原则下，用以指导单位工程施工全过程进度控制的指导性文件。单位工程施工进度计划一般在施工图设计完成后，单位工程开工前由项目经理组织，在项目技术负责人的领导下编制
3	分阶段工程进度计划	分阶段工程进度计划是以工程阶段目标（例如：±0.000以下阶段；主体结构施工阶段；外装施工阶段；内装施工阶段；设备安装阶段；调试阶段；室外庭院；道路施工阶段等）为编制对象，用以实施其施工阶段过程进度控制的文件。分阶段工程进度计划一般是与单位工程进度计划同时进行，由专业负责的专业工程师编制
4	分部分项工程进度计划	分部分项工程进度计划是以分部分项工程为编制对象，用以具体实施操作其施工过程进度控制的专业性文件，在分阶段工程进度计划控制下，由负责分部分项的工长编制

2）各类进度计划的关系，见表7-5。

表7-5   各类进度计划的关系

序号	进度计划	相　互　关　系
1	施工总进度计划	施工总进度计划是对整个施工项目的进度全局性的战略部署，其内容和范围比较广泛概括
2	单位工程进度计划	单位工程进度计划是在施工总进度计划的控制下，以施工总进度计划和单位工程的特点为依据编制的
3	分阶段工程进度计划	分阶段工程进度计划是以单位工程进度计划和分阶段的具体目标要求编制的，把单位工程内容具体化
4	分部分项工程进度计划	分部分项工程进度计划是以总进度计划、单位工程进度计划、分阶段工程进度计划为依据编制的，针对具体的分部分项工程，把进度控制进一步具体化、可操作化，是专业工程具体安排控制的体现

（3）按编制内容的繁简程度不同分类。施工进度计划按编制内容不同可分为：完整项目施工进度计划和简单形式施工进度计划。

1）完整的项目施工进度计划对于工程规模大，结构装修复杂，交叉施工复杂，技术要求高，采用新技术、新材料和新工艺的施工项目，必须编制内容详尽的完整施工进度计划。

2）对于工程规模小、施工简单、技术要求不复杂的施工项目，可编制一个内容简单的施工项目进度计划。

三、施工进度计划基本内容

1. 施工总进度计划

（1）施工总进度计划依据。

1）工程项目承包合同及招标投标书。招投标文件及签订的工程承包合同；工程材料和设备的订货、供货合同等。

2）工程项目全部设计施工图纸及变更洽商。建设项目的扩大初步设计、技术设计、施工图设计、设计说明书、建筑总平面图及建筑竖向设计及变更洽商等。

3）工程项目所在地区位置的自然条件和技术经济条件。主要包括：气象、地形地貌、水文地质情况、地区施工能力、交通与水电条件等；建筑安装企业的人力、设备、技术和管理水平。

4）工程项目设计概算和预算资料、劳动定额及机械台班定额等。

5）工程项目拟采用的主要施工方案及措施、施工顺序、流水段划分等。

6）工程项目需用的主要资源。主要包括劳动力状况、机具设备能力、物资供应来源条件等。

7）建设方及上级主管部门对施工的要求。

8）现行规范、规程和有关技术规定。国家现行的施工及验收规范、操作规程、技术规定和技术经济指标。

（2）施工总进度计划内容。施工总进度计划主要包括：建设项目的主要情况；工程性质、建设地点、建设规模、总占地面积、总建筑面积、总工期、分期分批投入使用的项目和工期；主要工种工程量、设备安装及其吨数；总投资额、建筑安装工作量、工厂区和生产区的工作量；建筑结构类型、新技术、新材料的复杂程度和应用情况等；施工部署和主要采取的施工方案；全场性的施工准备工作计划、施工资源总需要量计划、施工项目总进度控制目标；单位工程的分阶段进度目标以及单位工程与主要设备安装的施工配合穿插等；施工总平面布置和各项主要经济技术评价指标等。

但是，由于建设项目的规模、性质和建筑结构的复杂程度和特点不同，建筑施工场地条件差异和施工复杂程度不同，其内容也不一样。

2. 单位工程施工进度计划

（1）施工总进度计划依据。

1）主管部门的批示文件及建设单位的要求。如：上级主管部门或发包单位对工程的开工、竣工日期，土地申请和施工执照等方面的要求及施工合同中的有关规定等。

2）施工图纸及设计单位对施工的要求。其中，包括：单位工程的全部施工图纸、会审记录和标准图、变更洽商等有关部门设计资料，对较复杂的建筑工程还要有设备图纸和设备安装对土建施工的要求，以及设计单位对新结构、新材料、新技术和新工艺的要求。

3）施工企业年度计划对该工程的安排和规定的有关指标。如：进度、其他项目穿插施工的要求等。

4）施工组织总设计或大纲对该工程的有关部门规定和安排。

5）资源配备情况。如：施工中需要的劳动力、施工机具和设备、材料、预制构件和加工品的供应能力及来源情况。

6）建设单位可能提供的条件和水电供应情况。如：建设单位可能提供的临时房屋数量，水电供应量，水压、电压能否满足施工需要等。

7）施工现场条件和勘察资料。如：施工现场的地形、地貌，地上与地下的障碍物，工程地质和水文地质，气象资料，交通运输道路及场地面积等。

8）预算文件和国家及地方规范等资料。工程的预算文件等提供的工程量和预算成本，国家和地方的施工验收规范、质量验收标准、操作规程和有关定额，是确定编制施工进度计划的主要依据。

（2）施工总进度计划内容。单位工程进度计划根据工程性质、规模、繁简程度的不同，其内容和深度、广度要求的不同，不强求一致，但内容必须简明扼要，使其真正能起到指导现场施工的作用。单位工程进度计划一般应包括以下内容。

1）工程建设概况：拟建工程的建设单位，工程名称、性质、用途，工程投资额，开、竣工日期，施工合同要求，主管部门的有关部门文件和要求，以及组织施工的指导思想等。

2）工程施工情况：拟建工程的建筑面积、层数、层高、总高、总宽、总长、平面形状和平面组合情况，基础、结构类型，室内外装修情况等。

3）单位工程进度计划，分阶段进度计划，单位工程准备工作计划，劳动力需用量计划，主要材料、设备及加工品计划，主要施工机械和机具需要量计划，主要施工方案及流水段划分，各项经济技术指标要求等。

四、项目施工进度计划的编制

1. 编制要求

（1）施工进度计划是施工组织设计的主要内容，也是现场施工管理的中心工作，它是对施工现场各项施工活动在时间上所做的具体安排。

（2）施工进度计划应按照施工部署的安排进行编制，是施工部署和施工方法在时间上的具体反映，它反映的是该单位工程在具体的时间内产出的量化过程和结果，反映了施工顺序和各阶段的进展情况，应均衡协调、科学安排。

（3）正确地编制施工进度计划，是保证整个工程按期交付使用、充分发挥投资效果、降低工程成本的重要条件。

（4）单位工程施工进度计划是在确定了施工部署和施工方法的基础上，根据合同规定的工期、工程量和投入的资金、劳动力等各种资源供应条件，遵循工程的施工顺序，用图表的形式表示各分部分项工程搭接关系及工程开竣工时间的一种计划安排。其理论依据是流水施工原理，表达形式采用横道图或网络图。进度计划应分级进行编制，尤其是主体结构施工阶段，应编制二级网络进度计划。施工进度计划具有控制性的特点。

（5）施工进度计划主要突出施工总工期及完成各主要施工阶段的控制日期。

（6）编制施工进度计划及资源需求量计划是在选定的施工方案的基础上，确定单位工程的各个施工过程的施工顺序、施工持续时间、相互配合的衔接关系，即反映各种资源的需求情况。编制得是否合理、优化，反映了施工单位技术水平和管理水平的高低。

2. 编制依据

（1）建设单位提供的总平面图，单位工程施工图及地质、地形图、工艺设计图、采用的各种标准图纸及技术资料。

（2）工程项目施工工期要求及开、竣工日期。

（3）施工条件、劳动力、材料、构件及机械的供应条件、分包单位情况。

（4）确定的重要分部分项工程的施工方案，包括施工顺序、施工段划分、施工起点流向方法及质量安全措施。

（5）劳动定额及机械台班定额。

（6）招标文件的其他要求。

3. 编制步骤

（1）划分施工过程。对控制性进度计划，其划分可较粗；对实施性进度计划，其划分要细；对主导工程和主要分部工程，要详细、具体。

（2）计算工程量、查相应定额。计算工程量的单位要与定额手册的单位一致；结合选定的施工方法和安全技术要求计算工程量；按照施工组织要求，分区、分段、分层计算工程量。

（3）确定劳动量和机械台班数量。根据计算的分部分项工程量 q 乘以相应的时间定额或产量定额、计算出各施工过程的劳动量或机械台班数 p。若 s、h 分别表示该分项工程的产量定额和时间定额，则 [见式 （7-1）～式 （7-2）]：

$$p = q/s(工日、台班) \tag{7-1}$$

$$p = q \times h(工日、台班) \tag{7-2}$$

（4）计算各分项工程施工天数。

1）反算法：根据合同规定的总工期和本企业的施工经验，确定各分部分项工程的施工时间；按各分部分项工程需要的劳动量或机械台班数量，确定每一分部分项工程每个工作台班所需要的工人数或机械数量 [式 （7-3）]：

$$t = q/(stb) \tag{7-3}$$

式中　q——分部分项工程量；

　　　n——所需工人数或机械数量；

　　　t——要求的工期；

　　　s——分项工程产量定额；

　　　b——每天工作的班次。

2）正算法：按计划配备在各分部分项工程上的施工机械数量和各专业工人数确定工期 [式 （7-4）]：

$$t = q/(snb) \tag{7-4}$$

（5）编制施工进度计划初步方案。

1）首先，划分主要施工阶段，组织流水施工。要安排主导施工过程的施工进度，使其尽可能连续施工。

2）按照工艺的合理性和工序间尽量穿插、搭接或平行作业方法，得单位工程施工进度计划的初始方案。

（6）施工计划的检查与调整。

1）施工进度计划的顺序、平行搭接及技术间歇是否合理。

2）编制的工期是否满足合同规定的工期要求。

3）对劳动力及物资资源是否能连续、均衡施工等方面进行检查并初步调整。通过调整，在满足工期要求的前提下，使劳动力、材料、设备需要趋于均衡，主要施工机械利用率比较合理。

4. 施工进度计划的表示方法

施工进度计划可采用横道图或网络图表示，并附必要说明；对于工程规模较大或较复杂的工程，宜采用网络图表示。

施工进度计划仅需要编制网络进度计划图或横道图确实无法用图表表述清楚时，可适当配文字进行说明。横道图与网络图的优缺点，详见表 7-6。

表 7-6　　　　　　　　　横道图与网络图的优缺点比较

形　式	优　　点	缺　　点
横道图	（1）直观、简单、方便，易于为人们所掌握和贯彻； （2）适应性强。不论工程项目和内容多么错综复杂，总可以用横道图逐一表示出来	难以完整确切地反映各工作项目之间的逻辑衔接和互相制约关系
网络图	（1）准确反映工序之间的关系，能体现主次关系，便于管理人员进行综合调整； （2）在计算劳动力、资源水泵量时，更容易找出决定工程进度的关键工作	网络进度计划编制技术掌握较为困难，需要具有综合素质的专业计划工程师编制（具备丰富的施工经验和良好的技术水平；其次，还必须对网络计划技术非常熟悉）

5. 施工进度计划的编制技巧

在编制进度计划时，注意工序安排要符合逻辑关系。

（1）土建施工进度计划。按照各专业施工特点，土建进度按水平流水以分层、分段的形式反映，水、电等专业进度按垂直流水以专业分系统、分干（支）线的形式反映。体现出土建以分层分段平面展开，竖向分系统配合专业施工，专业工种分系统组织施工，以干线垂直展开，水平方向分层按支线配合土建施工的特点。

（2）装修施工进度计划。按内外檐划分施工顺序：内檐施工体现房间与过道、顶棚与墙面和地面、房间与卫生间的施工顺序；外檐装修体现出与屋面防水的施工顺序；封施工洞、拆除室外垂直运输设备体现出与内外檐装修、专业施工的关系；首层装修体现出与门头、台阶、散水施工的关系，体现土建与专业、内檐与外檐、机械退场与装修收尾的配合协调。

五、现场施工进度控制程序与方法

1. 施工进度控制的概念

施工进度控制是施工项目管理中的重点控制目标之一。它是保证施工项目按期完成，合理安排资源供应、节约工程成本的重要措施。

（1）施工进度控制是指在既定的工期内，编制出最优的施工进度计划，在执行该计划的过程中，经常检查施工实际情况，并将其与计划进度相比较，若出现偏差，则应分析产生的原因和对工期的影响程度，制订出必要的调整措施，修改原计划，不断地如此循环，直到竣工验收。

（2）施工进度控制应以实现施工合同的交工日期为最终目标。

（3）施工进度控制的总目标是确保施工项目既定目标的实现，或者在保证施工质量和不因此而增加施工实际成本的前提下，适当缩短工期。施工项目进度控制的总目标应进行层层分解，形成实施进度控制、相互制约的目标体系。目标分解，可按单项工程分解为交工分目标；按承包的专业或施工阶段分解为完工分目标；按年、季、月计划分解为时间分目标。

（4）施工进度计划控制应建立以项目经理为首的控制体系，各子项目负责人、计划人员、调度人员、作业队长和班组长都是该体系的成员。各承担施工任务者和生产管理者都应承担进度控制目标，对进度控制负责。

2. 施工进度控制的原理

（1）动态控制原理。施工进度控制是一个不断进行的动态控制，也是一个循环进行的过程。从项目施工开始，实际进度就出现了运动的轨迹，也就是计划进行执行的动态。实际进度按照计划进度进行时，两者相吻合；当实际进度与计划进度不一致时，便产生超前或落后的偏差。分析偏差的原因采取相应的措施，调整原来的计划，使两者在新起点上重合，继续按原计划进行施工活动，并且充分发挥组织管理的作用，使实际工作按计划进行。但是在新的干扰因素作用下，又会产生新的偏差。施工进度计划的控制就是采用这种动态循环的控制方法。

（2）系统原理。

1）施工项目计划系统。为了对施工项目实际进度计划进行控制，首先必须编制施工项目的各种进度计划，其中有施工项目总进度计划，单位工程进度计划，分部分项工程进度计划，季度和月、旬作业计划，这些计划组成一个施工项目计划系统。计划编制的对象由大到小，计划的内容从粗到细，编制时从总体计划到局部计划，逐层进行控制目标分解，以保证计划控制目标落实。执行计划时，从旬、月作业计划开始实施，逐级按目标控制，从而达到对施工项目整体进度目标控制。

2）施工项目进度实施组织系统。施工项目实施的全过程，各专业队伍都是按照计划规定的目标去努力完成一个个任务。施工项目经理和有关部门劳动调配、材料设备、采购运输等职能部门都按照施工进度规定的要求进行严格管理，落实和完成各自的任务。施工组织各级负责人，项目经理、施工队长、班组长及其所属全体成员组成了施工项目实施的完整组织系统。

3）施工项目进度控制组织系统。为了保证施工项目进度实施，还有一个项目进度的检查控制系统。从公司经理、项目经理，一直到作业班组都设有专门职能部门或人员负责检查，统计、整理实际施工进度的资料，并与进度计划比较分析和调整。当然，不同层次人员负有不同进度控制职责，分工协作，形成一个纵横连接的施工项目控制组织系统。事实上有的领导可能既是计划的实施者又是计划控制者，实施是计划的落实，控制是计划按期实施的保证。

（3）信息反馈原理。信息反馈是施工项目进度控制的主要环节，施工的实际进度通过信息反馈给基层施工项目进度控制的工作人员，在分工的职责范围内经过对其加工，再将信息逐级向上反馈，直到主控制室，主控制室整理统计各方面的信息，经比较分析做出决策，调整进度计划，使其符合预定工期目标。若不应用信息反馈原理，不断地进行信息反馈，则无法进行计划控制。施工项目进度控制的过程就是信息反馈的过程。

（4）弹性原理。工程项目施工的工期长、影响进度的因素多，其已被人们掌握。根据统计资料和经验，可以估计出影响进度的程度和出现的可能性，并在确定进度目标时，进行实现目标的风险分析。在计划编制者具备了这些知识和经验之后，编制施工项目进度计划时就会留有余地，使施工进度计划具有弹性。在进行施工项目进度控制时，便可以利用这些弹性，缩短有关工作的时间，或者改变它们之间的搭接关系，使检查之前拖延的工期，通过缩短剩余计划工期的方法，达到预期的计划目标。这就是施工项目进度计划控制中对弹性原理的应用。

（5）封闭循环原理。施工进度计划控制的全过程是计划、实施、检查、比较分析、确定调整措施、再计划。从编制施工进度计划开始，经过实施过程中的跟踪检查，收集有关部门实际进度的信息，比较和分析实际进度与施工计划进度之间的偏差，找出产生原因和解决办法，确定调整措施，再修整原进度计划，形成一个封闭的循环系统。

（6）网络计划技术原理。在施工项目的控制中，利用网络计划技术原理编制进度计划，根据收集的实际进度信息，比较和分析进度计划，有利用网络计划的工期优化，工期与成本优化和资源优化的理论调整计划。网络计划技术原理是施工进度控制完整的计划管理和分析计算的理论基础。

3. 施工进度控制程序

施工进度控制是各项目标实现的重要工作，其任务是实现项目的工期或进度目标。主要分为进度的事前控制、事中控制和事后控制。

（1）进度的事前控制内容。

1）编制项目实施总进度计划，确定工期目标，作为合同条款和审核施工计划的依据。

2）审核施工进度计划，看其是否符合总工期控制的目标要求。

3）审核施工方案的可行性、合理性和经济性。

4）审核施工总平面图，看其是否合理、经济。

5）编制主要材料、设备的采购计划。

6）完成现场的障碍物拆除，进行"七通一平"，创造必要的施工条件。

7）按合同规定接收设计文件、资料及地方政府和上级的批文。

8）按合同规定准备工程款项。

（2）进度的事中控制内容。

1）进行工程进度的检查。审核每旬、每月的施工进度报告，一是审核计划进度与实际进度的差异；二是审核形象进度、实物工程量与工作量指标完成情况的一致性。

2）进行工程进度的动态管理，即分析进度差异的原因，提出调整的措施和方案，相应调整施工进度计划、设计计划、材料供应计划和资金计划，必要时调整工期目标。

3）组织现场的协调会，实施进度计划调整后的安排。

4）定期向业主、监理单位及上级机关报告工程进展情况。

（3）进度的事后控制内容。当实际进度与计划进度发生差异时，在分析原因的基础上应采取以下措施。

1）制定保证总工期不突破的对策措施。

2）制定总工期突破后的补救措施。

3）调整相应的施工计划，并组织协调和平衡。

（4）项目经理部的进度控制应按下列程序进行。

1）根据施工合同确定的开工日期、总工期和竣工日期确定施工目标，明确计划开工日期、计划总工期和计划竣工日期，确定项目分期分批的开、竣工日期。

2）编制施工进度计划，具体安排实现前述目标的工艺关系、组织关系、搭接关系、起止时间、劳动力计划、材料计划、机械计划、其他保证性计划。

3）向监理工程师提出开工申请报告，按监理工程师开工令指定的日期开工。

4）实施施工进度计划，在实施中加强协调和检查，若出现偏差（不必要的提前或延误）及时进行调整，并不断预测未来进度状况。

5）项目竣工验收前抓紧收尾阶段进度控制，全部任务完成后进行进度控制总结，并编写进度控制报告。

4. 影响施工进度的因素

由于工程项目的施工特点，尤其是较大和复杂的施工项目，工期较长，影响进度因素较多。编制计划、执行和控制施工进度计划时，必须充分认识和估计这些因素，才能克服这些影响，使施工进度尽可能按计划进行。当出现偏差时，应考虑有关部门影响因素，分析产生的原因。其主要影响因素有以下内容。

（1）相关单位的影响。施工项目的主要施工单位对施工进度起决定性作用，但是建设单位、设计单位、银行信贷单位、材料供应部门、运输部门、水、电供应部门及政府的有关部门主管部门等，都可能给施工的某些方面造成困难而影响施工进度。其中设计单位图纸不及时和有错误，以及有关部门对设计方案的变动是经常发生和影响最大的因素；材料和设备不能按期供应，或质量、规格不符合要求，都会使施工停顿；资金不能保证也会使施工中断或速度减慢等。

（2）施工条件的变化。施工中地质条件和水文地质条件与勘查设计的不符，如：地质断层、溶洞、地下障碍物、软弱地基，以及恶劣的气候、暴雨、高温和洪水等，都对施工进度产生影响，造成临时停工或破坏。

（3）技术失误。施工单位采用技术措施不当、施工中发生技术事故，应用新技术、新材料、新结构缺乏经验，不能保证质量等都会影响施工进度。

（4）施工组织管理不力。流水施工组织不合理、施工方案不当、计划不周、管理不善、劳动力和施工机械调配不当、施工平面布置不合理、解决问题不及时等，都会影响施工计划的执行。

（5）意外事件的出现。施工中如果出现意外的事件，如：战争、内乱、拒付债务、工人罢工等政治事件，地震、洪水等严重自然灾害，重大工程事故、试验失败、标准变化等技术事件，拖延工程款、通货膨胀、分包单位违约等紧急事件都会影响施工进度计划的实现。

5.施工进度控制方法、措施和主要任务

（1）施工进度控制方法。施工进度控制方法主要是规划、控制和协调。规划是指确定施工项目总进度目标和分进度控制目标，并编制其进度计划。控制是指在施工项目实施的全过程中，进行施工实际进度与施工计划进度的比较，出现偏差及时采取措施调整。协调是指疏通、优化与施工进度有关部门的单位、部门和工作队组之间的进度关系。

（2）施工进度控制的措施。施工进度控制采取的主要措施有组织措施、技术措施、合同措施、经济措施和信息管理措施等。

组织措施主要是指：落实各层次的进度控制人员，具体任务和工作责任；建立进度控制的组织系统；按着施工项目的结构、进展阶段或合同结构等进行项目分解，确定其进度目标，建立控制目标体系；确定进度控制工作制度，如：检查时间、方法、协调会议时间、参加人等；对影响进度的因素分析和预测。技术措施主要采取加快施工进度的技术方法。合同措施是指对分包单位签订的施工合同的合同工期与有关部门进度计划目标相协调。经济措施是指实现进度计划的资金保证措施。信息管理措施是指不断地收集实际施工进度的有关部门资料进行整理统计与计划进度比较，定期向建设单位提供比较报告。

（3）施工进度控制的任务。施工进度控制的主要任务是编制施工总进度计划并控制其执行，按期完成整个施工项目的任务；编制单位工程施工进度计划并控制其执行，按期完成单位工程的施工任务；编制分部分项工程施工进度计划并控制其执行，按期完成分部分项工程的施工任务；编制季度、月、旬作业计划并控制其执行，完成规定的目标等。

第八章

项目施工成本管理与控制

一、施工项目成本控制内容及程序

1. 施工项目成本控制内容

（1）投标承包阶段。

1）对项目工程成本进行预测、决策。

2）中标后组建与项目规模相适应的项目经理部，以减少管理费用。

3）公司以承包合同价格为依据，向项目经理部下达成本目标。

（2）施工准备阶段。

1）审核图纸，选择经济合理、切实可行的施工方案。

2）制订降低成本的技术组织措施。

3）项目经理部确定自己的项目成本目标。

4）进行目标分解。

5）反复测算平衡后编制正式施工项目计划成本。

（3）施工阶段。

1）制订落实检查各部门、各级成本责任制。

2）执行检查成本计划，控制成本费用。

3）加强材料、机械管理，保证质量，杜绝浪费，减少损失。

4）搞好合同索赔工作，及时办理增加账，避免经济损失。

5）加强经常性的分部分项工程成本核算分析以及月度（季年度）成本核算分析，及时反馈，以纠正成本的不利偏差。

（4）竣工阶段保修期间。

1）尽量缩短收尾工作时间，合理精减人员。

2）及时办理工程结算，不得遗漏。

3）控制竣工验收费用。

4）控制保修期费用。

5）提出实际成本。

6）总结成本控制经验。

2. 施工项目成本控制程序

施工项目成本控制程序，如图8-1所示。

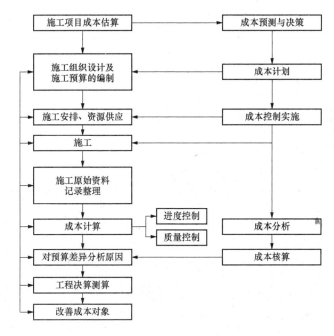

图8-1　施工项目成本控制一般程序

二、项目施工成本管理计划

1. 施工成本管理计划内容

（1）根据项目施工预算，制订项目施工成本目标。

（2）根据施工进度计划，对项目施工成本目标进行阶段分解。

（3）建立施工成本管理的组织机构并明确职责，制定相应管理制度。

（4）采取合理的技术、组织和合同等措施，控制施工成本。

（5）确定科学的成本分析方法，制订必要的纠偏措施和风险控制措施。

2. 施工成本目标及分解目标

成本目标分解至如合约与索赔、安全控制、技术方案、质量成品完工率、材

181

料合格率、材料供应与管理、周转料具与机械、现场组织协调、电气工程、水暖通风工程、现场经费、临设管理等方面。

（1）施工成本目标控制，见表8-1。

表8-1　　　　　　　　　　　目标成本控制表

项　　目	目　标　成　本
总费用	
1. 直接费用	
人工费	
材料费	
机械使用费	
其他直接费	
2. 间接费用	
施工管理费	

（2）施工成本目标，见表8-2。

表8-2　　　　　　　　　　　成本目标分解表

规划项目名称	成本降低额（万元）					
	总计	直接成本				间接成本
		人工费	材料费	机械费	其他直接费	
合约与索赔						
安全控制						
技术方案						

3. 施工成本控制措施

主要从技术、组织和合同方面采取措施进行控制，可用表格进行表示，见表8-3、表8-4。

表8-3　　　　　　　　　　技术节约降低成本措施计划表

序号	技术措施内容	计算依据	计划差异
1			
2			
3			

表 8 - 4　　　　　　　　**组织措施降低成本计划表**

序号	分部分项工程名称	预算成本	计划成本	差异额	降低措施	责任人
1						
2						
3						

4. 风险控制措施

（1）识别风险因素。风险类型一般分为：管理风险、人力资源风险、经济与管理风险、材料机械及劳动力风险、工期风险、技术质量安全风险、工程环境风险等。示例及内容见表 8 - 5。

表 8 - 5　　　　　　　　　**风 险 因 素 表**

序号	风险因素	产生原因	风险强度	可能产生的后果
1	管理风险	各级管理机构及制度不完善	中	造成经济及声誉损失；出现较严重的质量、安全等事故
2	人力资源	管理及操作人员的能力、素质和经验不够	中	可能产生意外的技术、安全事故；操作缓慢，满足不了进度要求
3	经济与管理风险	业主及总包资金供应不及时，市场价高于定额价	高	导致工程停工、窝工、机械停滞使用、资金沉没等严重经济损失
4	工期风险	劳动力、机械、天气、资金等造成工期延期	低	被业主索赔工期损失；工程无法按合同交付使用

（2）估计风险出现概率和损失值。

示例见表 8 - 6。选择合理的风险估计方法（概率分析法、趋势分析法、专家会议法、德尔菲法或专家系统分析法）；估计风险发生概率；确定风险后果和损失严重程度。

表 8 - 6　　　　　　　　**估计风险出现概率和损失值表**

序号	风险因素	①	②	③	④	⑤	⑥	⑦
1	发生概率	20%	20%	50%	5%	40%	10%	25%
2	对工程的影响程度（用成本来计算）	2%	1%	10%	1%	0.5%	2%	2%
3	损失值（万元）	520	260	2600	260	130	2600	520

（3）分析风险管理重点，制定风险防范控制对策。根据估计风险出现概率和损

失值，列出重点风险因素，并提出防范对策。可用表格形式表述，示例见表 8-7。

表 8-7　　　　　　　　　　　　风险防范控制对策

序号	重点风险因素	防 范 对 策
1	经济与管理风险	做好与建设单位、监理单位的协调工作，争取工程款及时到位，准时发放劳务队工资，机械租赁费等；材料周转资金提前做好计划，确保不能因为资金方面问题耽误进场等
2		
3		
4		

（4）明确风险管理责任。根据所确定的重点风险，落实到人进行防范和控制。可用表格形式表述，示例见表 8-8。

表 8-8　　　　　　　　　　　风 险 管 理 责 任

序号	风险名称	管理目标	防范对策	管理责任人
1	经济管理风险	规避	提前落实资金来源	×××
2				
3				
4				

施工项目成本控制，是指项目经理部在项目成本形成的过程中，为控制人、机、材料消耗和费用支出，降低工程成本，达到预期的项目成本目标所进行的成本预测、计划、实施、核算、分析、考核、整理成本资料与编制成本报告等一系列活动。

三、施工项目成本控制与核算

1. 施工项目成本目标责任制

施工项目成本目标责任制就是项目经理部将施工项目的成本目标，按管理层次进行再分解为各项活动的子目标，落实到每个职能部门和作业班组，把与施工项目成本有关的各项工作组织起来，并且和经济责任制挂钩，形成一个严密的成本控制体系。

建立施工项目成本目标责任制，一是确立施工项目目标成本责任制，关键是责任者责任范围的划分和对费用的可控程度，二是要对施工项目成本目标责任制分解。

2. 施工项目成本预测

（1）施工项目成本预测。成本预测是从投标承包开始的，预测者在深入市场调查，占有大量的技术经济信息的基础上，选择合理的预测方法，依据有关文件、定额，反复测算、分析，对施工项目成本作出判断和推测。其结果在投标时可作为估计项目预算成本的参考；在中标承包后是项目经理部确定项目目标成本、编制成本计划的依据。

（2）施工项目目标成本。一般由施工项目直接目标成本和间接目标成本组成。施工项目直接目标成本主要反映工程成本的目标价值。直接目标成本总表见表8-9。

表8-9　　　　　　　　　　　　直接目标成本总表

项目	目标成本	实际发生成本	差异	差异说明
1. 直接费用				
人工费				
材料费				
机械使用费				
其他直接费				
2. 间接费用				
施工管理费				
合 计				

施工项目间接目标成本主要反映施工现场管理费目标支出数。施工现场目标管理费用见表8-10。

表8-10　　　　　　　　　　　　施工现场目标管理费用表

项目	目标费用	实际支出	差异	差异说明
1. 工作人员工资				
2. 生产工人辅助工资				
3. 工资附加费				
4. 办公费				
5. 差旅交通费				
6. 固定资产使用费				

续表

项目	目标费用	实际支出	差异	差异说明
7. 工具用具使用费				
8. 劳动保护费				
9. 检验试验费				
10. 工程保养费				
11. 财产保险费				
12. 取暖、水电费				
13. 排污费				
14. 其他				
合计				

（3）目标成本编制依据。目标成本编制可以按单位工程或分部工程为对象来进行编制。编制依据有以下内容。

1）设计预算或国际招标合同报价书、施工预算。

2）施工组织设计或施工方案。

3）公司颁布的材料指导价，公司内部机械台班价，劳动力内部挂牌价。

4）周转设备内部租赁价格，摊销损耗标准。

5）已签订的工程合同、分包合同（或估价书）。

6）结构件外加工计划和合同。

7）财务成本核算制度和财务历史资料。

8）项目经理部与公司签订的内部承包合同。

（4）目标成本的编制要求。

1）编制设计预算。仅编制工程基础地下室、结构部分时，要剔除非工程结构范围的预算收入，如各分项中综合预算定额包含粉刷工程的费用，并使用计算机预算软件上机操作，提供设计预算各预算成本作为成本项目和工料分析汇总，分包项目应单独编制设计预算，以便同目标比较。高层工程项目标准层部位单独编制一层的设计预算，作为成本过程控制的预算收入标准。

2）编制施工预算。包括进行"两算"审核、实物量对比，纠正差错。施工预算实际上是计报产值的依据，同时起到指导生产、控制成本作用，也是编制项目目标成本的主要依据。

3）人工费目标成本编制。根据施工图预算人工费为收入依据，按施工预算计划工日数，对照包清工人挂牌价，列出实物量定额用工内的人工费支出，并根据本工程实际情况可能发生的各种无收入的人工费支出，不可预计用工的比例，参照以往同类型项目对估点工的处理及公司对估点工控制的要求而确定。对自行加工构件、周转材料整理、修理、临时设施及机械辅助工，提供资料列入相应的成本费用项目。

4) 材料费、构件费目标成本的编制。用由施工图预算提供各种材料、构件的预算用量、预算单价，施工预算提供计划用量，在此基础上，根据对实物量消耗控制的要求，以及技术节约措施等，计算目标成本的计划用量。单价根据指导价，无指导价的参照定额数提供的中准价，并根据合同约定的下浮率计算出单价。根据施工图预算、目标成本所列的数量、单价、计算出量差、价差，构成节超额。构料费、构件费的目标成本确定：目标成本＝预算成本－节超额。

5) 周转材料目标成本的编制。以施工图预算周转材料费为收入依据，按施工方案和模板排列图，作为周转材料需求量的依据，以施工部门提供的该阶段施工工期作为使用天数（租赁天数），再根据施工的具体情况。分期分批量进行量的配备。单价的核定，钢模板、扣件管及材料的修理费、赔偿费（报废）依据租赁分公司的租赁单价。在编制目标成本时，同时要考虑钢模、机件修理费、赔偿费，一般是根据以前历史资料进行测算。项目部使用自行采购的周转材料，同样按施工方案和模板排列图，作用周转材料需求量的依据，以及使用天数和周转次数，并预计周转材料的摊销和报废。

6) 机械费用目标成本的编制。以施工图预算机械费为收入依据，按施工方案计算所需机械类型、使用台班数、机械进出场费、塔基加固费、机操工人工费、修理用工和用工费用，计算小型机械、机具使用费。

7) 其他直接费用目标成本的编制。以施工图预算其他直接费为收入依据。按施工方案和施工现场条件，预计二次搬运费、现场水电费、场地租借费、场地清理费、检验试验费、生产工具用具费、标准化与文明施工等发生的各项费用。

8) 施工间接费用目标成本的编制。以施工图预算管理费为收入依据，按实际项目管理人员数和费用标准计算施工间接费的开支，计算承包基数上缴数，预计纠察、炊事等费用。根据临时设施搭建数量和预算计算摊销费用。按历史资料计算其他施工间接费。

9) 分包成本的目标成本的编制。以预算部门提供的分包项目的施工图预算为收入依据，按施工预算编制的分包项目施工预算的工程量，单价按市场价，计算分包项目的目标成本。

10）项目核算员汇总审核，在综合分析基础上，编制《目标成本控制表》，各部门会审签字，项目部经理组织讨论落实。

项目核算员根据预算部门提供的施工图预算进行各项预算成本项目拆分。审核各部门提供的资料和计划，纠正差错。汇总所有的资料，进行两算对比，根据施工组织设计中的技术节约措施，主要实物量耗用计划，分包工程降低成本计划，设备租赁计划等原始资料，考虑内部承包合同的要求和各种主客观因素，在综合分析挖掘潜力的基础上，编制《目标成本控制表》，编写汇总说明，形成目标成本初稿，提请各部门会审、签字，报请项目部经理组织讨论落实，分别归口落实到部门和责任人，督促实施。

3. 施工项目成本控制方法

（1）以施工图预算控制成本支出。在施工项目成本控制中，可按施工图预算，实行"以收定支"，或者叫"量入为出"，是有效的方法之一。这样对人工费、材料费、钢管脚手、钢模板等周转设备使用费、施工机械使用费、构件加工费和分包工程费实行有效的控制。

（2）以施工预算控制人力资源和物质资源的消耗。项目开工以前，应根据设计图纸计算工程量，并按照企业定额或上级统一规定的施工预算定额编制整个工程项目的施工预算，作为指导和管理施工的依据。对生产班组的任务安排，必须签收施工任务单和限额领料单，并向生产班组进行技术交底。要求生产班组根据实际完成的工程量和实耗人工、实耗材料做好原始记录，作为施工任务单和限额领料单结算的依据。任务完成后，根据回收的施工任务单和限额领料进行结算，并按照结算内容支付报酬（包括奖金）。为了便于任务完成后进行施工任务单和限额领料与施工预算对比，要求在编制施工预算时对每一个分项工程工序名称进行编号，以便对号检索对比，分析节超。

（3）建立资源消耗台账，实行资源消耗中间控制。资源消耗台账，属于成本核算的辅助记录，在成本核算中讲述。

（4）应用成本与进度同步跟踪的方法控制分部分项工程成本。为了便于在分部分项工程的施工中同时进行进度与费用的控制，可以按照横道图和网络图的特点分别进行处理。即横道图计划的进度与成本的同步控制、网络图计划的进度和成本的同步控制。

（5）建立项目成本审核签证制度，控制成本费用支出。在发生经济业务的时候，首先要由有关项目管理人员审核，最后经项目经理签证后支付。审核成本费用的支出，必须以有关规定和合同为依据，主要有：国家规定的成本开支范围；

188

国家和地方规定的费用开支标准和财务制度；施工合同；施工项目目标管理责任书。

（6）坚持现场管理标准化，堵塞浪费漏洞。现场管理标准化的范围很广，比较突出而需要特别关注的是现场平面布置管理和现场安全生产管理。

（7）定期开展"三同步"检查，防止项目成本盈亏异常。"三同步"就是统计核算、业务核算、会计核算同步。统计核算即产值统计，业务核算即人力资源和物质资源的消耗统计，会计核算即成本会计核算。根据项目经济活动的规律，这三者之间有着必然的同步关系。这种规律性的同步关系具体表现为：完成多少产值、消耗多少资源，发生多少成本，三者应该同步。否则，项目成本就会出现盈亏异常的偏差。"三同步"的检查方法可从以下三方面入手：时间上的同步、分部分项工程直接费的同步和其他费用同步。

（8）应用成本控制的财务方法——成本分析表法来控制项目成本。作为成本分析控制手段之一的成本分析表，包括月度成本分析表和最终成本控制报告表。月度成本分析表又分直接成本分析表和间接成本分析表。月度直接成本分析表主要反映分部分项工程实际完成的实物量与成本相对应的情况，以及与预算成本和计划成本相对比的实际偏差和目标偏差，为分析偏差产生的原因和针对偏差采取相应措施提供依据。此外，还要通过间接成本占产值的比例来分析其支用水平。最终成本控制报告表主要是通过已完实物进度、已完产值和已完累计成本，联系尚需完成的实物进度，尚可上报的产品和还将发生的成本，进行最终成本预测，以检验实现成本目标的可能性，并可为项目成本控制提出新的要求。这种预测，工期短的项目应该每季度进行一次，工期长的项目可每半年进行一次。

（9）加强质量管理、控制质量成本。对影响质量成本较大的关键因素，采取有效措施，进行质量成本控制，见表 8-11。

表 8-11　　　　　　　　　　质量成本控制表

关键因素	措　　施	执行人、检查人
降低返工、停工损失，将其控制在占预算成本的1%以内	（1）对每道工序事先进行技术质量交底 （2）加强班组技术培训 （3）设置班组质量员，把好第一道关 （4）设置施工队技监点，负责对每道工序进行质量复检和验收 （5）建立严格的质量奖罚制度，调动班组积极性	

关键因素	措　　施	执行人、检查人
减少质量过剩支出	（1）施工员要严格掌握定额标准，力求在保证质量的前提下，使人工和材料消耗不超过定额水平 （2）施工员和材料员要根据设计要求和质量标准，合理使用人工和材料	
健全材料验收制度，控制劣质材料额外损失	（1）材料员在对现场材料和构配件进行验收时，发现劣质材料时要拒收，退货，并向供应单位索赔 （2）根据材料质量的不同，合理加以利用，以减少损失	
增加预防成本，强化质量意识	（1）建立从班组到施工队的质量QC攻关小组 （2）定期进行质量培训 （3）合理地增加质量奖励，调动职工积极性	

4. 施工项目成本核算

（1）施工项目成本核算的基本任务。

1）执行国家有关成本的开支范围、费用开支标准、工程预算定额和企业施工预算、成本计划的有关规定，控制费用，促使项目合理、节约地使用人力、物力和财力。这是施工项目成本核算的先决条件和首要任务。

2）正确及时地核算施工过程中发生的各项费用，计算施工项目的实际成本。是施工项目成本核算的主体和中心任务。

3）反映和监督施工项目成本计划的完成情况，为项目成本预测，为参与项目施工生产、技术和经营决策提供可靠的成本报告和有关资料，促使项目改善经营管理，降低成本，提高经济效益。这是施工项目成本核算的根本目的。

（2）施工项目的成本核算遵守的基本要求。

1）划清成本、费用支出和非成本费用支出的界限。这是指划清不同性质的支出，即划清资本性支出和收益性支出与其他支出，营业支出与营业外支出的界限。这个界限也就是成本开支范围的界限。

2）正确划分各种成本、费用的界限。这是指对允许列入成本、费用开支范围的费用支出，在核算上应划清的几个界限：划清施工项目工程成本和期间费用的界限，划清本期工程成本与下期工程成本的界限，划清不同成本核算对象之间的成本界限，划清未完工程成本与已完工程成本的界限。

（3）施工成本核算的工作流程。项目经理部在承建工程项目收到设计图纸以后，一方面要进行现场"三通一平"等施工前期准备工作；另一方面，还要组织力量分头编制施工图预算、施工组织设计，降低成本计划及其他实施和控制措施，最后将实际成本与预算成本、计划成本对比考核。对比的内容包括项目总成本和各个成本项目相互对比，用以观察分析成本升降情况，同时作为考核的依据。

通过实际成本与预算成本的对比，考核工程项目成本的降低水平；通过实际成本与计划成本的对比，考核工程项目成本的管理水平。成本核算和管理工作流程如图 8-2 所示。

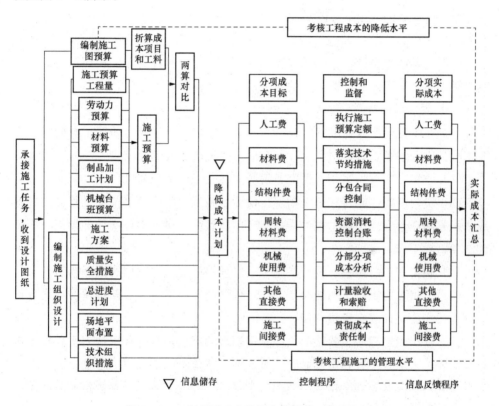

图 8-2　工程项目成本核算和管理的工作流程图

第九章

项目施工资料管理工作

一、各单位资料管理职责

建设、勘察、设计、施工、监理等单位应将工程文件的形成和积累纳入工程建设管理的各个环节和有关人员的职责范围。

1. 建设单位的资料管理职责

（1）在工程招标及与勘察、设计、施工、监理等单位签订协议、合同时，应对工程文件的编制、套数、费用、移交期限等提出明确的要求。

（2）收集、整理、组卷工程准备阶段文件及工程竣工文件。

（3）负责组织、监督和检查勘察、设计、施工、监理等单位的工程文件的形成，积累和立卷归档工作；也可委托监理单位监督、检查工程文件的形成、积累和立卷归档工作。

（4）收集和汇总勘察、设计、施工、监理等单位立卷归档的工程档案。

（5）应负责组织竣工图的绘制工作，也可委托施工单位、监理单位或设计单位，并按相关文件规定承担费用。

（6）在组织工程竣工验收前，应提请当地的城建档案管理机构对工程档案进行预验收；未取得工程档案预验收认可文件，不得组织工程竣工验收。

（7）对列入城建档案馆接收范围的工程，工程竣工验收后在规定的时间内向当地城建档案馆移交一套符合规定的工程档案。

2. 施工单位的资料管理职责

（1）建立健全施工资料管理岗位责任制，工程资料的收集、整理应由专人负责管理。

（2）施工资料应由施工单位负责收集、整理与组卷，并保证工程资料的真实有效、完整齐全及可追溯性。

（3）由建设单位发包的专业承包施工工程，分包单位应将形成的施工资料直接交建设单位；由总包单位发包的专业承包施工工程，分包单位应将形成的施工资料交总包单位，总包单位汇总后交建设单位。

（4）施工总承包单位应向建设单位移交不少于一套完整的工程档案。

（5）施工单位应按国家或地方资料管理规程的要求将需要归档保存的工程档案归档保存，并合理确定工程档案的保存期限。

3. 勘察、设计、监理单位的资料管理职责

（1）各单位应对本单位形成的工程文件负责管理，确保各自文件的真实有效、完整齐全及可追溯性。

（2）各单位应将本单位形成的工程文件组卷后在规定的时间内及时向建设单位移交。

（3）各单位应将各自需要归档保存的工程档案归档保存，并合理确定工程档案的保存期限。

4. 城建档案馆的资料管理职责

城建档案管理机构应对工程资料的组卷归档工作进行监督、检查、指导。在工程竣工验收前，应对工程档案进行预验收，验收合格后，出具工程档案认可文件。

二、工程资料分类与编号

1. 分类

工程资料按照其特性和形成、收集、整理的单位不同分为：工程准备阶段文件、监理资料、施工资料、竣工图和工程竣工文件 5 类，具体详细划分如图 9-1 所示。

2. 编号

（1）工程准备阶段文件、工程竣工文件可按形成时间的先后顺序和类别，由建设单位确定编号原则。

（2）监理资料可按资料的类别及形成时间顺序编号。

（3）施工资料的编号宜符合下列规定。

1）施工资料编号可由分部、子分部、分类、顺序号 4 组代号组成，组与组之间应用横线隔开（图 9-2）。

①为分部工程代号，可按《建筑工程资料管理规程》（JGJ/T 185—2009）附录 A.3.1 的规定执行。

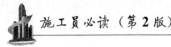
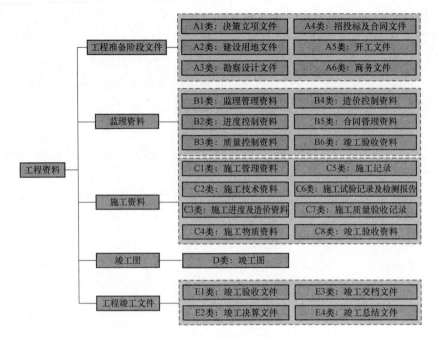

图9-1 工程资料分类

图9-2 施工资料编号

②为子分部工程代号，可按《建筑工程资料管理规程》（JGJ/T 185—2009）附录A.3.1的规定执行。

③为资料的类别编号，可按《建筑工程资料管理规程》（JGJ/T 185—2009）附录A.3.1的规定执行。

④为顺序号，可根据相同表格、相同检查项目，按形成时间顺序填写。

2）对按单位工程管理，不属于某个分部、子分部工程的施工资料，其编号中分部、子分部工程代号用"00"代替。

3）同一厂家、同一品种、同一批次的施工物质用在两个分部、子分部工程中时，资料编号中的分部、子分部工程代号可按主要使用部位填写。

4）工程资料的编号应及时填写，专用表格的编号应填写在表格右上角的编号栏中；非专用表格应在资料右上角的适当位置注明资料编号。

三、工程资料管理

1. 工程资料形成步骤

建筑工程资料形成步骤，见图 9-3。

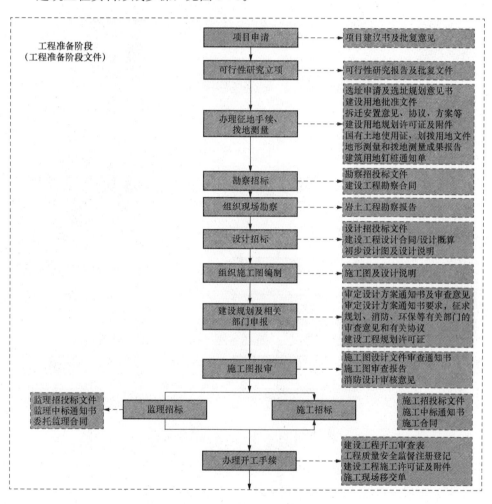

图 9-3 工程资料形成步骤（一）

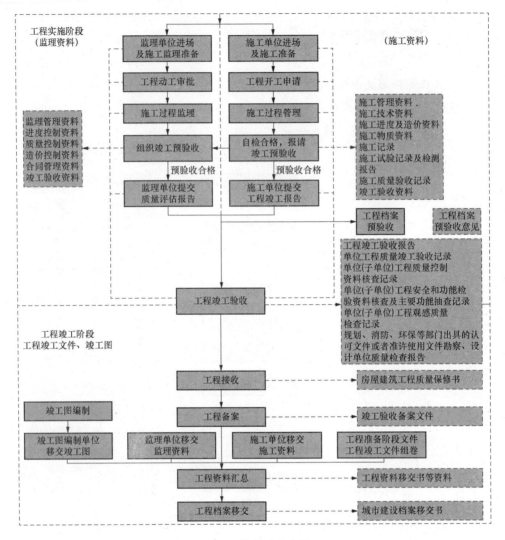

图 9-3　工程资料形成步骤（二）

2. 工程资料形成及管理要求

（1）形成要求。工程资料应与建筑工程建设过程同步形成，并应真实反映建筑工程的建设情况和实体质量。工程资料形成一般有如下要求。

1）工程资料形成单位应对资料内容的真实性、完整性、有效性负责；由多方形成的资料，应各负其责。

2）工程资料的填写、编制、审核、审批、签认应及时进行，其内容应符合相关规定。

196

3）工程资料不得随意修改；当需要修改时，应实行划改，并由划改人签署。

4）工程资料的文字、图表、印章应清晰。

（2）工程资料管理要求。

1）工程资料管理应制度健全、岗位责任明确，并应纳入工程建设管理的各个环节和各级相关人员的职责范围。

2）工程资料的套数、费用、移交时间应在合同中明确。

3）工程资料的收集、整理、组卷、移交及归档应及时。

4）工程资料的收集、整理应由专人负责管理，资料管理人员应经过相应的培训。

5）工程资料的形成、收集和整理应采用计算机管理。

3. 工程资料填写、编制、审核及审批要求

（1）工程准备阶段文件和工程竣工文件的填写、编制、审核及审批应符合国家现行有关标准的规定。

（2）监理资料的填写、编制、审核及审批应符合现行国家标准《建设工程监理规范》（GB 50319—2013）的有关规定；监理资料用表宜符合《建筑工程资料管理规程》（JGJ/T 185—2009）的规定。

（3）施工资料的填写、编制、审核及审批应符合国家现行有关标准的规定；施工资料用表宜符合《建筑工程资料管理规程》（JGJ/T 185—2009）的规定。

（4）竣工图的编制及审核。

1）新建、改建、扩建的建筑工程均应编制竣工图；竣工图应真实反映竣工工程的实际情况。

2）竣工图的专业类别应与施工图对应。

3）竣工图应依据施工图、图纸会审记录、设计变更通知单、工程洽商记录（包括技术核定单）等绘制。

4）当施工图没有变更时，可直接在施工图上加盖竣工图章形成竣工图。

5）竣工图的绘制应符合国家现行有关标准的规定。

6）竣工图应有竣工图章（图9-4）及相关责任人签字。

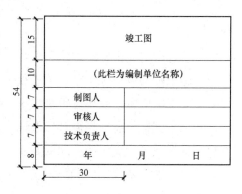

图9-4 竣工图章示意图

7）竣工图的绘制方法如下：①竣工图按绘制方法不同可分为以下几种形式：利用电子版施工图改绘的竣工图、利用施工蓝图改绘的竣工图、利用翻晒的硫酸纸底图改绘的竣工图、重新绘制的竣工图；②编制单位应根据各地区、各工程的具体情况，采用相应的绘制方法；③利用电子版施工图改绘的竣工图应符合下列规定：a. 将图纸变更结果直接改绘到电子版施工图中，用云线圈出修改部位，按表9-1的形式做修改内容备注表；b. 竣工图的比例应与原施工图一致；c. 设计图签中应有原设计单位人员签字；d. 委托本工程设计单位编制竣工图时，应直接在设计图签中注明"竣工阶段"，并应有绘图人、审核人的签字；e. 竣工图章可直接绘制成电子版竣工图签，出图后应有相关责任人的签字；④利用施工图蓝图改绘的竣工图应符合下列规定：a. 应采用杠（划）改或叉改法进行绘制；b. 应使用新晒制的蓝图，不得使用复印图纸；⑤利用翻晒硫酸纸图改绘的竣工图应符合下列规定：a. 应使用刀片将需更改部位刮掉，再将变更内容标注在修改部位，在空白处做修改内容备注表；修改内容备注表样式可按表9-1进行；b. 宜晒制成蓝图后，再加盖竣工图章；⑥当图纸变更内容较多时，应重新绘制竣工图。重新绘制的竣工图应符合《建筑工程资料管理规程》（JGJ/T 185—2009）的规定。

表 9-1　　　　　　　　　　　　修改内容备注表

设计变更、洽商编号	简要变更内容

4. 工程资料收集、整理与组卷

（1）工程准备阶段文件和工程竣工文件应由建设单位负责收集、整理与组卷。

（2）监理资料应由监理单位负责收集、整理与组卷。

（3）施工资料应由施工单位负责收集、整理与组卷。

（4）竣工图应由建设单位负责组织，也可委托其他单位。

（5）工程资料组卷应遵循自然形成规律，保持卷内文件、资料内在联系。工程资料可根据数量多少组成一卷或多卷。

（6）工程准备阶段文件和工程竣工文件可按建设项目或单位工程进行组卷。

（7）监理资料应按单位工程进行组卷。

（8）施工资料应按单位工程组卷，并应符合下列规定。

1）专业承包工程形成的施工资料应由专业承包单位负责，并应单独组卷。

2）电梯应按不同型号每台电梯单组组卷。

3）室外施工过程应按室外建筑环境、室外安装工程单独组卷。

4）当施工资料中部分内容不能按一个单位工程分类组卷时，可按建设项目组卷。

5）施工资料目录应与其对应的施工资料一起组卷。

（9）竣工图应按专业分类组卷。

（10）工程资料组卷内容宜符合《建筑工程资料管理规程》（JGJ/T 185—2009）的相关规定。

（11）工程资料组卷应编制封面、卷内目录及备考表，其格式及填写要求按现行国家标准《建设工程文件归档整理规范》（GB/T 50328—2014）的有关规定执行。

5. 工程资料的验收

（1）工程竣工前，各参建单位的主管（技术）负责人应对本单位形成的工程资料进行竣工审查；建设单位应按照国家验收规范规定和城建档案管理的有关要求，对勘察、设计、监理、施工单位汇总的工程资料进行验收，使其完整、准确。

（2）单位（子单位）工程完工后，施工单位应自行组织有关人员进行检查评定，合格后填写《工程竣工报验单》，并附相应的竣工资料（包括分包单位的竣工资料）报项目监理部，申请工程竣工验收。总监理工程师组织项目监理部人员与施工单位进行检查验收，合格后总监理工程师签署《工程竣工报验单》。

（3）单位（子单位）工程竣工预验收通过后，应由建设单位（项目）负责人组织设计、监理、施工（含分包单位）等单位（项目）负责人进行单位（子单位）工程验收，形成《单位（子单位）工程质量验收记录》。

（4）列入城建档案馆档案接收范围的工程，建设单位在组织工程竣工验收前，应提请城建档案管理机构对工程档案进行预验收。建设单位未取得城建档案馆管理机构出具的认可文件，不得组织工程竣工验收。

（5）城建档案管理机构在进行工程档案预验收时，应重点验收以下内容。

1）工程档案齐全、系统、完整。

2）工程档案的内容真实，准确地反映工程建设活动和工程实际状况。

3）工程档案已整理组卷，组卷符合国家验收规范规定。

4）竣工图绘制方法、图式及规格等符合专业技术要求，图面整洁，盖有竣工图章。

5）文件的形成，来源符合实际，要求单位或个人签章的文件，其签章手续完备。

6）文件材质、幅面、书写、绘图、用墨、托裱等符合要求。

6. 工程资料移交与归档

（1）工程资料移交归档应符合国家现行有关法规和标准的规定；当无规定时，应按合同约定移交归档。

（2）工程资料移交应符合下列规定。

1）施工单位应向建设单位移交施工资料。

2）实行施工总承包的，各专业承包单位应向施工总承包单位移交施工资料。

3）监理单位应向建设单位移交监理资料。

4）工程资料移交时应及时办理相关移交手续，填写工程资料移交书、移交目录。

5）建设单位应按国家有关法规和标准的规定向城建档案管理部门移交工程档案，并办理相关手续。有条件时，向城建管理部门移交的工程档案应为原件。

（3）工程资料归档应符合下列规定。

1）工程参建各方宜符合《建设工程文件归档整理规范》（GB/T 50328—2014）中的有关要求将工程资料归档保存。

2）归档保存的工程资料，其保存期限应符合下列规定：①工程资料归档保存期限应符合国家现行有关标准的规定；当无规定时，不宜少于 5 年；②建设单位工程资料归档保存期限应满足工程维护、修缮、改造、加固的需要；③施工单位工程资料归档保存期限应满足工程质量保修及质量追溯的需要。

第十章

主要分项工程施工方法及工艺要求

一、模板工程施工方法及工艺要求

1. 流水段的划分

根据施工组织设计的要求划分施工流水段。

（1）±0.000 以下水平构件与竖向构件划分图，当水平构件与竖向构件分段不一致时，应分别表示。

（2）±0.000 以上水平构件与竖向构件划分图，当水平构件与竖向构件分段不一致时，应分别表示。

2. 模板与支撑配置数量

应根据施工流水段划分、工期、质量、模板周转使用及施工工艺等方面进行配置。模板配制的原则，应符合施工组织设计中模板工程的相关要求。

3. 隔离剂的选用及使用注意事项

具体说明隔离剂的型号和名称，使用技术要求及有关注意事项。

4. 模板设计

模板作为一种非实体性周转性材料，不但对施工质量、工期起到关键性作用，而且模板在设计中还有许多关系安全的环节，以及降低成本投入的因素，因此，在进行模板设计时，应着重考虑以下方面。

（1）既要考虑技术上的先进性、操作上的可行性，又要兼顾施工的安全性和经济合理性，将"设计上的节约是最大的节约，设计上的浪费是最大的浪费"这一理念始终贯穿于模板设计的全过程。

（2）在进行模板体系设计时，应综合考虑结构形式、工期、质量、安全等方面的因素，根据不同部位的结构特点设计不同的模板体系，模板及其支架应具有足够的承载能力、刚度和稳定性，能可靠地承受浇筑混凝土的重量、侧压力以及施工荷载。

模板设计的内容主要是模板及其支架的设计，包括类型、方法、节点图等，设计图应是详图，不是示意图。设计时应对不同类型的结构构件，分别进行设计。

模板设计的内容在表达形式上，应采用文字配合图示说明，力求做到图文并茂。

(1) ±0.000以下模板设计：类型、方法、节点图。应根据结构构件类型，采用文字描述与图相结合的方式，分部位描述模板设计的类型、方法和节点图。

1) 基础垫层模板设计：类型、方法。

2) 底板导墙模板设计：类型、方法、节点图。

3) 基础底板模板设计：类型、方法、节点图。

4) 墙体模板设计：类型、方法、配板图、重要节点图。

5) 柱子模板设计：类型、方法、节点图、安装图。

6) 梁、板模板设计：类型、方法、节点图。

7) 模板设计计算书（可作为附录）。

(2) ±0.000以上模板设计：应根据结构构件类型，采用文字描述与图相结合的方式，分部位描述模板设计的类型、方法和节点图。

1) 墙体模板设计：类型、方法、配板图、重要节点图。

2) 柱子模板设计：类型、方法、节点图、安装图。

3) 梁、板模板设计：类型、方法、节点图。

4) 模板设计计算书（可单做附录）。

(3) 楼梯、电梯井模板设计（地上、地下）：类型、方法、节点图。

(4) 阳台及栏板模板设计：类型、方法、节点图。

(5) 门窗洞口模板设计（地上、地下）：类型、方法、节点图。

(6) 特殊部位模板设计：类型、方法、节点图。由平面或立面特殊造型引起的，如屋顶结构造型、外飘窗、施工缝、变形缝、后浇带、模板接高等。

5.模板的制作与加工

(1) 说明模板是现场制作，还是外加工。

(2) 说明对模板制作与加工的要求（材质、制作），明确主要技术参数及质量标准。

(3) 明确对模板制作与加工的管理和验收的具体要求。

按上述内容及要求对各类型模板制作与加工分述。

6. 模板的存放

（1）说明对模板存放的位置及场地地面的要求。

（2）说明一般技术与管理的注意事项，如标识、安全文明等。

7. 安装

依据工程质量验收规范、工程技术标准及施工组织设计的要求，并结合本工程模板施工的特点详细描述以下几方面内容。

（1）模板安装的一般要求。

（2）±0.000以下模板的安装。

1）基础底板模板的安装顺序及技术要点。

2）墙模板的安装顺序及技术要点。

3）柱模板的安装顺序及技术要点。

4）梁、板模板的安装顺序及技术要点。

（3）±0.000以上模板的安装。

1）墙模板的安装顺序及技术要点。

2）柱模板的安装顺序及技术要点。

3）梁、板模板的安装顺序及技术要点。

4）门窗洞口、楼（电）梯模板的安装顺序及技术要点。

5）特殊部位模板的安装顺序及技术要点。

8. 模板的拆除

（1）模板拆除的顺序。

（2）描述各部位模板的拆除顺序。

（3）侧模拆除的要求。包括常温时侧模拆除的要求、冬施时侧模拆除的要求。

（4）底模及其支架拆除的要求。底模拆除应以平面图形式，标注标准拆模强度。在平面图上具体注明哪些构件的模板是50%拆，哪些模板是75%拆，哪些模板是100%拆。

（5）当施工荷载产生的效应比使用荷载更不利时所采取的措施。

（6）后浇带模板的拆除时间及要求。

（7）预应力构件模板的拆除时间及要求。

（8）其他构件模板的拆除顺序及要求。

9. 模板的维护与修理

（1）各类模板在使用过程中的注意事项。

（2）多层胶合板的维修。

（3）大钢模、角模的维修。

二、钢筋工程施工方法及工艺要求

1. 流水段划分

根据施工组织设计的要求划分施工流水段。

（1）±0.000以下水平构件与竖向构件划分图，当水平构件与竖向构件分段不一致时，应分别表示。

（2）±0.000以上水平构件与竖向构件划分图，当水平构件与竖向构件分段不一致时，应分别表示。

2. 钢筋原材供应

应明确钢筋供应厂家，钢筋供应计划及钢筋进场堆放等要求。

3. 钢筋的检验

说明钢筋检验内容和现场检验、试验的标准和要求。

4. 钢筋的加工

（1）说明钢筋加工要求。

（2）描述钢筋的加工方法。

1）钢筋除锈的方法及设备：冷拉调直、电动除锈机、手工法。

2）钢筋调直的方法及设备：调直机、数控调直机、卷扬机。

3）钢筋切断的方法及设备：切断机、无齿锯。

4）钢筋弯曲成型的方法及设备：箍筋135°弯曲成型的方式及技术要求。

（3）加工品的管理。

5. 钢筋的连接

（1）机械连接。

1）直螺纹连接的技术要求及施工要点。

2）冷挤压连接的技术要求及施工要点。

3）设备选型：主要技术参数的确定。

4）质量检验：取样数量、外观检查内容、拉伸试验的要求、连接缺陷及预防措施。

（2）焊接。

1）闪光对焊的技术要求及施工要点。

2）电弧焊的技术要求及施工要点。

3）电渣压力焊的技术要求及施工要点。

4）设备选型：主要焊接参数的确定：焊接电流、电压、焊接方式、焊接时间。

5）质量检验：取样数量、外观检查内容、拉伸试验的要求、焊接缺陷及预防措施。

6. 钢筋的安装

这部分内容应参照验收规范、工艺标准及设计要求进行详细描述。在用文字描述的同时，尽量采用图配合说明，做到图文并茂。

（1）绑扎的一般要求。

（2）绑扎接头的技术要求。

（3）钢筋锚固和绑扎搭接接头的技术要求。

（4）基础底板钢筋的安装。描述安装顺序及技术要点。

（5）墙体钢筋的安装。描述安装顺序及技术要点。

（6）柱钢筋的安装。描述安装顺序及技术要点。

（7）梁、板钢筋的安装。描述安装顺序及技术要点。

（8）楼梯钢筋的安装。描述安装顺序及技术要点。

三、混凝土工程施工方法及工艺要求

1. 流水段划分

应根据施工组织设计中流水段划分的原则划分，将水平构件与竖向构件分别绘制。

2. 混凝土的拌制

（1）原材料的允许偏差（计量设备应定期校验、骨料含水率应及时测定）。

（2）搅拌的最短时间。

3. 混凝土的运输

（1）运输时间的控制。

（2）预拌混凝土运输台班的选定。

（3）现场各部分混凝土输送方式的选择。

1）塔式起重机吊运。

2）泵送与塔式起重机联合使用。

3）泵送。

4. 混凝土浇筑

（1）一般要求。

1）对模板、钢筋、预埋件的隐检。

2）混凝土浇筑过程中对模板的观察。

（2）施工缝的留置和在继续浇筑前的处理方法及要求；施工缝留置、继续浇筑时的要求。

（3）混凝土的浇筑工艺要求及措施。

1）浇筑层的厚度；允许间隔时间；振动棒移动间距（应通过计算确定）。

2）分层厚度及保证措施：倾落自由高度，相同配合比减石子砂浆厚度、分层厚度浇筑控制等。

3）框架梁柱节点浇筑方法及要求。

（4）±0.000 以下混凝土的浇筑方法。

1）垫层：浇筑方法。

2）基础底板：浇筑方法、浇筑方向、泵管布置等。如底板是大体积混凝土，应描述大体积混凝土的浇筑方法、养护方法、测温监测及防止混凝土裂缝的技术措施（另编专项施工方案）。

3）墙体：浇筑方法、布料杆设置位置及要求。

4）柱：浇筑方法。

5）梁、楼板：浇筑方法。

（5）±0.000 以上混凝土的浇筑方法。

1）泵送混凝土的配管设计。

2）混凝土泵的类型。

3）混凝土布料杆的选型及平面布置。

4）柱：浇筑方法。

5）墙体：浇筑方法。

6）梁、楼板：浇筑方法。

7）楼梯：浇筑方法。

（6）后浇带混凝土的浇筑方法。

5. 混凝土的养护

混凝土的养护方法通常采用刷养护剂、蓄水洒水和保温保湿措施。应说明各部位混凝土构件的养护方法和要求。

（1）混凝土养护的一般要求。

（2）梁板的养护方法。

（3）墙体的养护方法。

（4）柱子的养护方法。

（5）后浇带的养护方法。

四、砌体工程施工方法及工艺要求

1. 施工流水段的划分

应根据施工组织设计中对施工流水段划分的原则划分，并附±0.000 以下施工流水段划分图一张，±0.000 以上施工流水段划分图一张。

2. 墙上临时施工洞的留置

在墙上留置临时施工洞，应符合《砌体工程施工质量验收规范》（GB 50203—2011）的要求。抗震设防烈度为 9 度的建筑物，临时施工洞位置应会同设计单位共同确定。

3. 基本要求

砌体砌筑的一般要求。

4. 烧结普通砖、烧结多孔砖砌体砌筑的施工方法及技术要求

（1）确定基础墙砌筑的工艺流程。

（2）确定墙体砌筑的工艺流程。

（3）说明湿润砖的方法及技术要求。

（4）说明砂浆搅拌的技术要求。

（5）说明构造柱设置位置。

（6）过梁、圈梁设置位置。

（7）明确基础部分的组砌方法：应说明采用何种排砖法、何种砌筑法。

（8）明确砖墙部分的组砌方法：应说明采用何种排砖法、何种砌筑法。

（9）描述砖基础砌筑的方法及技术要求：应重点描述抄平放线、皮数杆制作安装、组砌方法、排砖、砌砖、构造柱施工及拉结筋留设等主要工序的施工要点及技术要求。

（10）描述砖墙砌筑的方法及技术要求：应重点描述抄平放线、皮数杆制作安装、组砌方法、排砖、选砖、砌砖、砌筑高度、留槎、拉结筋或网片安放及构造柱做法等主要工序的施工要点及技术要求。

（11）明确墙体设置脚手眼的要求。

5. 混凝土小型空心砌块砌体砌筑的施工及技术要点

（1）确定墙体砌筑的工艺流程。

（2）确定砌块排列的方法和要求。

（3）湿润砌块的方法和技术要求。

（4）明确砂浆搅拌的技术要求。

（5）说明构造柱设置位置。

（6）过梁、圈梁设置位置。

（7）现浇钢筋混凝土带设置部位。

（8）抱框设置部位。

（9）砌样板墙的要求。

（10）描述墙体砌筑的方法及技术要求：应重点描述抄平放线、皮数杆制作安装、组砌方法、砌块砌筑、砌筑高度、留槎、拉结筋或网片安放及构造柱做法等重要工序的施工要点及技术要求。

（11）灌芯柱混凝土施工的技术要求。

6. 蒸压粉煤灰砖、蒸压灰砂砖砌体砌筑的施工方法及技术要求

（1）确定基础墙砌筑的工艺流程。

（2）确定墙体砌筑的工艺流程。

（3）湿砖的方法和技术要求。

（4）明确砂浆搅拌的技术要求。

（5）说明构造柱设置位置。

（6）过梁、圈梁设置位置。

（7）明确基础部分的组砌方法：应说明采用何种排砖法、何种砌筑法。

（8）明确砖墙部分的组砌方法：应说明采用何种排砖法、何种砌筑法。

（9）描述砖基础砌筑的方法及技术要求：应重点描述抄平放线、皮数杆制作安装、组砌方法、排砖、砌砖、抹防潮层、拉结筋设置等主要工序的施工要点及技术要求。

（10）描述砖墙砌筑的方法及技术要求：应重点描述抄平放线、皮数杆制作安装、组砌方法、排砖、选砖、砌砖、砌筑高度、留槎、墙体拉结筋或网片安放及构造柱做法等主要工序的施工要点及技术要求。

（11）明确墙体设置脚手眼的要求。

7. 填充墙砌体砌筑的施工方法及技术要点

（1）确定填充墙砌筑的工艺流程。

（2）确定填充墙体砌块排列的方法和要求。

（3）湿润砌块的方法和技术要求。

（4）说明砂浆搅拌的技术要求。

（5）说明构造柱设置位置。

（6）过梁、圈梁设置位置。

（7）现浇钢筋混凝土带设置部位。

（8）抱框设置部位。

（9）说明填充墙砌筑的方法及技术要求：应重点描述抄平放线、皮数杆制作安装、组砌方法、砌体灰缝、墙底部砌筑、砌块搭接长度、墙体拉结筋或网片安放、圈梁、过梁、现浇混凝土带及构造柱做法等主要工序的施工要点及技术要求。

（10）明确填充墙与结构的拉结的方法及技术要求。

（11）明确加气混凝土砌块与门窗口的连接方法及技术要求。

（12）明确空心砖墙与窗口的连接做法及技术要求。

五、防水工程施工方法及工艺要求

内容主要包括采用该种类型防水施工所采用的施工方法及技术要求，包括施工顺序、施工工艺及各工序施工操作方法要点、细部构造要求、特殊部位的处理；对主要防水材料的性能、配合比，特别是新技术、新材料、新工艺、新设备的操作等。

（1）防水材料的类型较多，如卷材类、涂膜类等，应根据设计所选择的防水材料类型，明确防水层的施工工艺和方法，如地下防水工程，当采用卷材时应采取的施工方法是外贴法还是内贴法，粘贴施工工艺是冷粘、热熔、自粘或卷材热风焊接等。

（2）对所选定的施工工艺和具体的操作方法要重点描述，并说明技术要求，如沥青的熬制温度、配合比控制、铺设厚度、卷材铺贴方向、搭接缝宽度及封缝处理等。

（3）对涂膜类防水应描述施工工艺、各工序具体的施工操作方法要点及技术要求。

（4）对采用的新技术、新材料、新工艺、新设备的操作应重点描述。

（5）应说明防水层施工的环境条件和气候要求。

（6）应明确防水层施工完成后，保护层施工前的防水层蓄水试验方法和技术要求。

（7）在对防水施工各工序操作要点进行描述和对细部构造要求说明时，应尽量做到图文并茂、形象直观。

（8）季节性施工措施。主要是指雨期防水施工措施和冬期防水施工措施。应说明冬期、雨期如何从事防水施工，特别是高温、多雨、大风、降温等天气应有相应措施，确保人身安全和施工质量。

六、脚手架工程施工方法及工艺要求

1. 脚手架设计

（1）对脚手架设计的要求。

1）脚手架设计包括构造设计和设计计算两大部分。构造设计要满足规范要求，同时计算也要满足要求。

2）对于构造设计中涉及的数据，应符合规范、标准的要求，做到每一个数据均有据可查。构造设计的描述应做到图文并茂。

3）对于一些特殊部位的构造设计，当不能遵循规范要求时，应重点说明，并采取相应的对策。

4）在进行设计计算时，可以采用手算，也可以采用软件电算，提倡采用安全计算软件计算，如采用中国建筑科学研究院开发的建筑施工安全计算软件进行计算。

采用安全计算软件，能减少施工人员计算强度，在保证安全的前提下节省工程造价，达到事半功倍的效果。

（2）落地式外脚手架设计。

1）构造设计。构造设计包括：基础设计、立杆的构造、纵、横向扫地杆的构造、纵向水平杆的构造、横向水平杆的构造、脚手板铺设要求、栏杆与挡脚板的要求、连墙件布置、门洞布置、剪刀撑与横向斜撑布置、斜道布置、扣件、安全网布置、防电避雷措施。

2）设计计算。包括：荷载计算、纵、横向水平杆的强度、挠度计算、扣件的抗滑承载力计算、立杆的稳定性计算、连墙件的强度、稳定性和连接强度的计算、立杆的地基承载力验算。计算方法可参照《建筑施工扣件式钢管脚手架安全技术规范》（JGJ 130—2011）。

（3）附着式升降脚手架。

1）构造设计：脚步架的平立面布置和提升机构的立面布置；底部承力桁架的组合系统；主框架；支架体系；爬升系统；荷载预警系统；动力及控制系统；安全保证系统；附墙承载力、动力构件；脚手板与栏杆、护栏的要求；安全网布置；防电避雷措施。

2）设计计算：定型主框架、定型支撑框架、导轨与每个楼层的固定、设计荷载。压杆及受拉杆件的长细比等组成均应进行设计验算。防坠、防倾安全装置性能验算。

（4）悬挑式脚手架（型钢和钢管）。

1）构造设计：脚手架的平立面布置；纵、横向水平杆布置；立杆布置；连墙件布置；门洞布置；剪刀撑与横向斜撑布置；斜道布置；脚手板与栏杆、护栏要求；安全网布置；防避雷电措施。说明挑梁与横梁的选型、布置；立杆与挑梁或横梁的连接方式与做法。

2）设计计算：纵、横向水平杆的强度、挠度计算；扣件的抗滑承载力计算；立杆的稳定性计算；连墙件的强度、稳定性和连接强度的计算；挑梁与横梁的强度、挠度、稳定性计算；挑梁或支撑杆与结构的连接强度计算；支撑杆的稳定性验算。

（5）门式脚手架。

1）构造设计：脚手架的平立面布置；基础设计；门架构造与布置；配件布置；加固杆布置；转角处门架连接做法；连墙件布置；通道洞口做法；斜梯做法；脚手板与栏杆、护栏布置；安全网布置；防电避雷措施。

2）设计计算：荷载计算；立杆的稳定性计算；脚手架最大搭设高度计算；连墙件的稳定性和抗滑承载力计算；立杆地基承载力验算。

（6）吊篮脚手架。

1）构造设计：吊篮和挑梁的固定方法，对吊篮和挑梁、吊绳、手扳和倒链进行设计计算。

2）设计计算：吊篮和挑梁的连接强度计算、吊绳的强度计算、手扳和倒链计算。

（7）卸料平台（落地式和悬挑式）。

1）构造设计：落地式卸料平台的平立面布置；纵、横向水平杆的布置；立杆的布置；剪刀撑和斜撑的布置；悬挑式卸料平台的平立面布置；钢梁选型、设计布置；钢丝绳选型布置；脚手板与栏杆、护栏的要求，安全网布置。

2）设计计算：主、次梁抗弯强度、稳定性验算，钢丝绳及拉环的强度验算。

（8）外墙三角片挂脚手架。外墙三角片挂脚手架是配合外墙钢大模板施工的专用脚手架，由大模板厂家设计。用于外墙保温墙体的挂架对拉螺栓应由施工单位明确，由模板厂家作专门设计，并进行悬臂抗弯及变形验算。

对以上各类脚手架设计时，在采用文字描述的同时，应用图示说明，做到图文并茂，形象直观，一目了然。脚手架设计应有设计计算书。

2. 脚手架施工方法及工艺要求

主要内容包括脚手架的搭设和拆除两部分。

（1）脚手架的搭设。

1）简述脚手架搭设的总体要求。

2）确定脚手架搭设顺序。

3）说明各部位构件的搭设技术要点及搭设时的注意事项。

（2）脚手架的拆除。

1）说明脚手架拆除前的准备工作。

2）确定脚手架的拆除施工工艺。把拆除脚手架的流程和顺序在此描述清楚，这很关键。重点说明拆除要求和卸料要求。

七、冬期施工方法及工艺要求

冬期施工方法的选择是确定施工方案的核心。在选择冬期施工方法时，要充分考虑工程质量、进度、经济效益等因素，并根据工程所在冬期气候特点和变化规律、热源设备、冬期施工的资源条件及能源条件等确定施工方法，所选择的施工方法及采取的技术措施还应符合《建筑工程冬期施工规程》的规定。

各分项工程施工方法除按常温施工要求外，主要描述冬期施工的方法及措施。以下对常见的冬期施工分项工程的施工方法及技术措施编写要点分述如下。

1. 土方工程冬期施工

（1）一般要求。

（2）土方开挖施工方法及技术要点。

（3）土方回填施工方法及技术要点。

2．地基与基础工程冬期工程

（1）一般要求。

（2）桩基础工程施工方法及技术要点。

（3）上层锚杆施工方法及技术要点。

（4）地下连续墙施工方法和技术要点。

3．钢筋工程冬期施工

（1）一般要求。

（2）钢筋负温冷拉和冷拉方法。

（3）钢筋负温焊接方法及技术要点。

4．模板工程冬期施工

（1）模板的类型。

（2）模板的保温措施。

（3）模板的拆除要求。

5．混凝土工程冬期施工

（1）混凝土冬期施工方法的选择，是指混凝土浇筑后，在养护期间选择何种养护措施，如综合蓄热法、暖棚法等。选择冬期施工方法时，应考虑的主要因素是：自然条件、结构特点、原材料情况、工期限制、能源状况和经济指标等。

（2）冬期施工对混凝土原材料的要求。

1）水泥。

2）骨料。

3）外加剂。

4）掺合料。

（3）对混凝土原材料加热的要求。

1）采用现拌混凝土，原材料加热要求。

2）采用预拌混凝土，搅拌站原材料加热要求。

（4）混凝土搅拌。

1）投料顺序。

2）拌制时间要求。

3）出机温度要求。

（5）混凝土运输。

1）运输工具。

2）运输中的要求。

3）混凝土出机（出罐）温度计算。

（6）混凝土浇筑。

1）一般要求。

2）混凝土浇筑技术要点。

3）混凝土浇筑前入模温度计算。

（7）混凝土养护。

1）养护的方法。

2）保温措施。

（8）混凝土试件留置。

（9）混凝土测温。

（10）混凝土质量控制及检查。

（11）混凝土热工计算。

6．钢结构工程冬期施工

（1）一般要求。

（2）钢结构制作施工要点及技术要求。

（3）钢结构安装施工要点及技术要求。

7．屋面保温、防水工程冬期施工

（1）一般要求。

（2）保温层施工。

（3）找坡层、找平层施工。

（4）防水层施工。

8．砌筑工程冬期施工

（1）冬期砌筑工程施工方法选择。

（2）砌筑工程的冬施一般要求。

（3）外加剂使用要求。

（4）砌体施工。

1）对材料的要求。

2）砂浆拌制要求。

3）砌筑工艺要求。

4）保温要求。

5）测温要求。

（5）砂浆试块的留置。除应按常温规定要求外，应增设不少于两组与砌体同条件养护的试块，分别用于检验各龄期强度和转入常温 28d 的砂浆强度。

9. 装饰装修工程冬期施工

（1）一般要求。

（2）施工方法及技术要求。

10. 机电设备安装工程冬期工程

（1）一般要求。

（2）施工方法及技术要求。

11. 其他项目冬期工程

根据工程实际及需要编制。

八、工程施工测量施工方法及工艺要求

施工测量方法包括起始依据点的检测、场区控制网测量、建筑物平面控制网的测量、建筑物定位放线、验线与基础及 ±0.000 以上施工测量等。

1. 起始依据点的检测

描述平面控制点或建筑红线桩点、水准点等检测情况，并有检测方法及结果。

2. 场区控制网测量

应根据场区情况、设计与施工的要求，按照便于施工、控制全面、安全稳定又能长期保留的原则，设计和布设场区平面控制网与高程控制网。

（1）场区平面控制网的布设。场区平面控制网的布设应根据场区的地形条件和建（构）筑物的布置情况布设，说明采用什么形式的控制网布设，是采用建筑方格网、还是导线网、三角网等。明确所采用的控制网形式布设的方法及主要技术要求。

（2）场区高程控制网的布设。说明高程控制网布设的一般规定和布设依据，明确本工程水准测量的等级及主要技术要求等。

3. 建筑物平面控制网布设

（1）说明建筑物平面控制网布设的一般规定。

（2）说明布设的依据和方法，并附建筑物平面控制网布设图。

（3）明确建筑物平面控制网的主要技术要求。

（4）平面控制网的轴线加密，说明加密的依据及加密的方法，并图示。

4. 建筑物高程控制网的布设

明确布设依据，布设方法，主要技术要求及水准点布设平面图等。

5. 建筑物定位放线、验线

主要包括：建筑物定位放线与主要轴线控制桩、护坡桩、基桩的定位与监测。

（1）说明建筑物定位原则。

（2）确定建筑物定位方法及定位步骤。定位的方法应以建筑物的形状不同而异，矩形建筑物宜用直角坐标法定位；任意形状建筑物宜用极坐标法定位；当量距有困难时，宜选用角度交会法定位。

（3）明确建筑物定位后的验线，由哪一级验线。

（4）说明护坡桩、基桩的定位与监测方法。

6. 基础施工测量

包括桩基施工测量、基槽（坑）开挖的抄平放线、基础放线、±0.000 标高以下的抄平放线。

（1）桩基和沉井施工测量。

1）描述桩基和沉井施工测量的方法和技术要求。

2）桩基和板桩测设的平面位置允许误差。

3）沉井中线的允许误差及中线投点允许误差。

4）沉井标高测设的允许误差。

（2）基槽（坑）开挖中的放线与抄平。

1）描述基槽（坑）开挖放线的方法和接近槽（坑）底、清槽时的测量方法及技术要求。

2）基槽（坑）放线的允许偏差。

（3）基础放线。

1）明确基础平面轴线投测方法及技术要求。

2）垫层边线的投测方法及技术要求。

3）基础放线允许偏差。

（4）±0.000 以下各层测量放线。

1）明确±0.000 以下各层平面轴线的投测方法及技术要求。

2）允许偏差。

（5）±0.000 以下部分标高控制。

1）高程控制点的联测。

2）明确±0.000以下高程的传递方法，并图示。

3）描述土方开挖标高控制方法。

4）描述各平面层标高控制方法。

5）说明标高校测与精度要求。

7.±0.000以上施工测量

包括：首层、非标层与标准层的结构测量放线、竖向控制与标高传递。大型预制构件的弹线及结构安装测量等。

（1）±0.000以上平面轴线投测。平面轴线的竖向投测，主要是各层平面放线和结构竖向控制的依据，其中，以建筑物轮廓轴线和控制电梯井轴线的投测更为重要。

1）明确±0.000以上平面轴线投测方法，如采用外控法还是内控法：①外控法：首层放线验收后，应将控制轴线引测（弹出）在外墙立面上，作为各施工层轴线竖向投测的依据，可避免投测误差积累；②内控法：若场地通视条件限制，可采用内控法投测轴线，即当视线不够开阔，不便架设经纬仪时，应改用激光铅直仪通过预留孔洞向上投测。这时的控制网由外控转为内控，其图形应平行于外廓轴线。

±0.000以上建筑物平面控制轴线最好选在建筑物外廓轴线上、单元或施工流水段的分界线上、楼梯间或电梯间两侧的轴线上。由于施工现场情况复杂，利用这些控制线的平行线进行投测较为方便。

2）描述轴线投测的方法及技术要求。

3）明确轴线竖向投测允许误差。

4）描述结构施工各部位放线的技术要求。

5）明确施工层各部位放线允许偏差。

（2）±0.000以上部分标高的竖向控制与传递。标高的竖向传递，可用钢尺以首层±0.000线为基准向上竖直量取。当传递高度超过钢尺整尺长时，应另设一道标高起始线。为了便于校核，每栋建筑物应由3处分别向上传递标高。

1）明确标高竖向传递方式。

2）确定起始标高线及标高传递点的设置。

3）描述标高竖向传递方法及技术要求。

4）描述施工层抄平的方法及技术要求。

5）说明标高的竖向控制方法。

6）明确标高竖向传递允许误差。

（3）砌体结构施工测量。

1）描述在基础墙顶及楼板上的放线要求。

2）说明墙体砌筑中如何控制标高的要求。

3）明确设置皮数杆的技术要求。

4）描述墙体砌筑中的测量作业要求。

（4）钢筋混凝土结构施工测量。

1）说明现浇钢筋混凝土结构钢筋上测设标高的要求。

2）描述现浇柱支模检测模板的方法及技术要求。

3）明确预制梁柱安装前弹线的技术要求。

4）说明预制柱安装时的测量方法。

5）说明柱顶处的梁与屋架位置线的测设要求。

6）说明预制梁安装后复测的要求。

（5）二次结构测量。二次结构施工应以原有各层平面控制轴线及标高为准测设，其他要求参考砌体结构施工测量。

8. 装饰及安装工程测量

这部分内容主要包括会议室、大厅、外饰面、玻璃幕墙等室内外装饰测量；电梯、旋转餐厅、管线等安装测量。

（1）装饰与安装施工测量的一般要求。

（2）室内地面面层施工测量。

1）说明室内地面面层施工测设标高的方法。

2）说明在基层上弹线分格技术要求（允许误差）。

3）说明面层标高与水平检测点间距的要求。

4）描述室内地面面层铺砌施工测量的方法及要求。

（3）吊顶和屋面施工测量。

1）说明吊顶施工测量的作业方法及技术要求。

2）说明屋面施工测量的作业方法及技术要求。

（4）墙面施工测量。

1）说明内墙面装饰施工测量的技术方法和要求。

2）说明外墙面装饰施工测量的技术方法和要求。

（5）玻璃幕墙和门窗安装测量。

1）说明安装施工测量前的准备工作。

2）说明安装测量方法及技术要求。

（6）电梯与管道安装测量。

1）说明电梯安装测量的方法及技术要求。

2）说明管道安装测量的方法及技术要求。

9. **重点部位的测量控制方法**

（1）建筑物大角垂直度的控制方法。

（2）楼层的竖向结构垂直度测量控制方法。

（3）墙、柱施工精度测量控制方法。

（4）门、窗洞口测量控制方法。

（5）电梯井施工测量控制方法。

10. **各主要分项工程的高程控制**

（1）钢筋工程的高程控制方法。

（2）模板工程的高程控制方法。

（3）混凝土工程的高程控制方法。

（4）砌体工程的高程控制方法。

（5）室内地面工程的高程控制方法。

11. **验线工作**

验线工作一般由规划验线、监理验线和施工单位的主管部门验线三级组成。应明确各部位、各分项工程测量放线后应由哪一级验线及验线的内容。

12. **测量控制桩点的标志、埋设和保护要求**

控制桩应按照规程规定的标准进行埋设，一般应埋设在距基坑放坡线 1m 以外的坚固地方，其深度应大于当地的冻土线深度，桩顶周围应砌筑 20cm 高的保护台或设置其他保护措施。

13. **沉降测量**

包括：沉降测量观测点的设置，采用的仪器及测量技术要求等。建筑物沉降测量一般由建设单位委托有资质的专业测量单位完成。

14. **测量资料管理**

包括成果资料整理的标准、规格，提交资料的内容及手续方法等。

参 考 文 献

[1] 中华人民共和国住房和城乡建设部.建筑与市政工程施工现场专业人员职业标准（JGJ/T 250—2011）[S].北京：中国建筑工业出版社，2011.

[2] 北京土木建筑学会.施工员必读 [M].北京：中国电力出版社，2013.

[3] 本书编委会.建筑施工手册 [M].5版.北京：中国建筑工业出版社，2012.

[4] 江苏省建设教育协会.施工员专业管理实务（土建施工）[M].北京：中国建筑工业出版社，2014.

[5] 中华人民共和国住房和城乡建设部.混凝土结构工程施工规范（GB 50666—2011）[S].北京：中国建筑工业出版社，2011.

[6] 本书编委会.新版建筑工程施工质量验收规范汇编 [M].3版.北京：中国建筑工业出版社，2014.